이제는
평양
건축

초판발행	2012년 6월 20일
개정판발행	2012년 7월 27일
엮은이	필립 뭬제아 Philipp Meuser
옮긴이	윤정원
펴낸이	서경원
편집	표미영
디자인	이창욱
펴낸곳	도서출판 담디
등록일	2002년 9월 16일
등록번호	제 9-00102호
주소	서울시 강북구 수유6동 410-310 2층
전화	02-900-0652
팩스	02-900-0657
이메일	dd@damdi.co.kr
홈페이지	www.damdi.co.kr

Original edition: Copyright©2011 DOM publishers in Germany,
www.dom-publishers.com

이 책의 한국어 출판권은 독일 DOM출판사와 본사와의 독점 계약으로 도서출판 담디에 있습니다.
저작권법에 의해 한국 내에서 보호를 받는 저작물이므로 책 내용 및 사진, 드로잉 등의 무단 복제와 전재를 금합니다.

©2012 DAMDI
Printed in Korea
ISBN 978-89-91111-90-5

이제는 평양 건축

필립 뫼제아 엮음 | 윤정원 옮김

도서출판 담디

평양, 창광거리 교차로에 있는 교통순경 (2005).

목차

1
배경설명

11 금지된 안내서
필립 뭬제아

26 평양 둘러보기
평양시 중심의 파노라마 전경
평양의 과거와 현재

87 건축적 호기심의 방
평양 거닐기 – 필립 뭬제아

128 국가 체육으로써의 단체 체조
노동절체육관의 아리랑 축전

153 평양에서 배우기
읽기 쉬운 공간 생산에 대하여
– 크리스천 포스토펜

173 건축예술론 – 김정일
크리스천 포스토펜의 요약 및 소개

209 도시 선전
초상화와 포스터 – 필립 뭬제아

목차

2 사진설명

도시 계획
228 도시 공간 속 축의 역할도시
230 도시 축 상의 주요 건물들
234 광복거리
236 통일거리
240 승리거리
242 창광거리
242 천리마거리
244 문수거리
245 룡남산거리
246 만수대거리

살림집
250 광복거리 살림집 구역 개발
252 창광거리 살림집 구역
252 통일거리 살림집 구역
254 북새구역 살림집
254 문수거리 살림집 구역

문화 시설
258 조선혁명박물관
260 조선미술박물관
260 김일성화 김정일화 전시관
262 조선중앙역사박물관
264 3대혁명전시관
265 민주조선
265 국제통신센터
265 국가과학원 발명국
266 만수대의사당
268 김일성광장 정부청사
270 기상수문국
270 평양수예연구소
271 평양국제문화회관
271 4·25 문화회관
272 인민문화궁전
274 평양대극장
276 모란봉극장
276 청년중앙회관
278 만수대예술극장
278 평양교예극장
280 동평양대극장
280 대동문영화관
281 조선예술영화촬영소
282 평양국제영화회관
283 4·26 조선아동영화촬영소

교육 및 스포츠
286 김일성종합대학
288 김책공업종합대학
290 평양학생소년궁전
291 김정숙탁아소
291 김원균평양음악대학
292 인민대학습당

294 만경대학생소년궁전
296 평양체육관
296 김일성경기장
297 양각도축구장
298 노동절체육관
299 빙상관
300 청춘거리 체육시설

호텔 및 백화점
306 광복백화점
306 제1백화점
307 아동백화점
307 대성백화점
308 옥류관
308 창광거리 식당들
310 청류관
312 양각도국제호텔
312 량강호텔
313 고려호텔
314 보통강호텔
314 평양호텔
315 창광산호텔

교통 시설
318 영광역
318 평양역
319 황금벌역
320 부흥역
321 건설역
322 옥류교
322 능라교
323 충성교
323 청년영웅도로
324 9·9절다리
324 평양–묘향산 고속도로
324 청류교

기념물
330 만수대 대동상
332 주체사상탑
334 개선문
336 당창건기념탑
338 천리마동상
339 김일성영생탑
340 금수산기념궁전
342 조국해방 전쟁승리 기념탑
344 통일의 문

부록
346 참고문헌 및 저자소개
348 색인
350 평양시 지도

1

배경설명

금지된 안내서

평양 둘러보기

건축적 호기심의 방

국가 체육으로써의 단체 체조

평양에서 배우기

건축예술론

도시 선전

김일성이 소년 시절 다녔던 초등학교 앞에서, 공식 지침서에 따라 진행된 청년 영웅 행진 (2005).

금지된 안내서

필립 뭬제아 Philipp Meuser

지금 평양으로 여행하기 위해 계획을 세우려고 이 안내서를 읽고 있다면, 곧 실망하고 있는 자신을 발견하게 될 것이다. 그것은 이 책의 잘못이라기보다는, 당신이 여행하게 될 주변 여건 때문이다. 북한 수도로 공식적인 여행이 아니거나, 동행 없이 가는 여행은 간첩 활동으로 오인 받게 될 것이다. 조심스럽게 감시되는 단체 여행이 평양에서 건축 기념물들을 답사할 수 있는 거의 유일한 방법이다. 단체 여행이 당신에게 맞지 않거나 개별 여행을 생각하고 있다면, 다시 한 번 생각해 보시길. 세 명의 동행인이 당신과 한팀이 되어 계속해서 같이 다니게 될 것이며, 가이드, 통역자, 운전자들이 저녁 식사와 아침 식사를 제외하고는 당신 곁을 떠나지 않을 것이다.

그렇다면 도대체 왜 <북한>의 현대 건축에 대해 쓰고 있으며, 특히나 왜 안내서의 형식을 채택했을까? 그것도 서구에서 건축에 대한 비평적이고 독립적인 담론이 확립된 장르로 인식되는 데 말이다. 그 이유에 대한 한가지 설명은 순수한 호기심 때문일 것이다. 어떠한 자료가 갑자기 확실한 이유도 없이 나타났는데, 그것을 탐구할 만한 인내력이 요구될 때 그 자료의 탐구를 거부할 만큼 무능한 언론인은 없다. 또 다른 설명은 북한의 건축사에 대해서는 객관적이고 비평적인 담론이 훨씬 적고, 모든 형태의 독립적인 기록들을 지속적으로 피해 가는 도시에 대해 건축가가 느낄 수 있는 매력이라 할 수 있다.

투르크메니스탄의 아쉬가바트(Ashgabat), 우즈베키스탄의 타슈켄트(Tashkent), 쿠바의 하바나(Havana), 에리트레아의 아스마라와 같은 다른 독재 국가들의 수도에 대한 출판이 평양에 대한 것보다 더 많다. 모든 가능성에서 볼 때, 안내서 형태로의 접근이 이 안내서를 순식간에 '북한 사람들을 절하시키는 제국주의적 선전'의 목록으로 분류되게 만들 것이다. 이 안내서는 공산주의의 정치 체계를 거의 다루지 않는다. 지금까지는 알려지지 않은 실체를 흘끗 볼 수 있을지도 모른다는 희망조차 거의 없었다. 하지만, 일간지의 여행면에 실린 주석의 동상에 대한 드문 기록들에만 의존해야 했던 모든 사람의 인식을 날카롭게 해줄 것이라고 희망해 볼 수 있을지도 모른다.

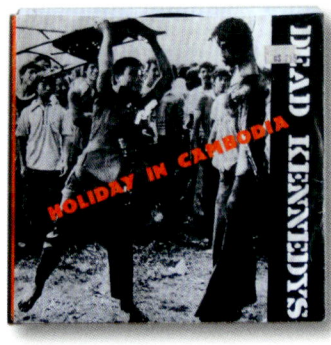

(DEAD KENNEDYS)의 캄보디아의 휴일, 1980년 발매된 싱글 커버 사진 / I.R.S. Records.

캄보디아의 휴일은 1980년에 미국 펑크 밴드인 데드 케네디즈(DEAD KENNEDYS)의 두 번째 싱글 타이틀이었다. 그 가사는 젊은 미국인들의 좁은 자기만족을 공격하고, 폴 포트 집권 하에 사는 사람들이 경험하는 잔인함과 미국 젊은이들의 라이프스타일을 대조한다. 오늘날 북한여행을 권장하는 것 역시 어리석어 보일지도 모른다. 여행자들은 북한을 방문하는 여행자 중 90%가 북경-평양 루트를 통해 들어가며, 그 수는 매년 근근이 몇백 명에 이른다고 예측한다.

백두산 천지 앞의 김일성과 김정일 부자를 묘사한 벽 모자이크, 남포 마을 입구.

공식적인 집계가 없어 방문객의 실제 수는 북한 정부의 공문서가 대중에 공개될 때에나 알 수 있을 것이다. 그때까지는, 자유여행을 선전하기 위해 북한 정부가 운영하는 국제 여행사(KITC)가 높게 책정하여 발표하는 조작된 숫자와, 이를 배척하기 위해 여행사들이 낮게 책정한 숫자 사이에서 스스로 결론을 내려야 할 것이다. 북한의 다른 모든 정보와 마찬가지로, 관광에 대한 정보 역시 선별되고 있다.

방문객들은 필연적으로 공식 방문 일정을 따르는 것처럼 느낄 테지만, 평양에 입국하기 위해 반드시 외교 혹은 공무 여권이 필요한 것은 아니다. 그러나 배낭 여행객들조차도 치밀하게 짜인 프로그램, 공항에서 기다리고 있는 가이드, 통역자, 운전사의 환영단, 회의적인 외국인을 다루는 데 경험이 많은, 주체사상에 도취된 북한 주민이 지속적으로 주변에서 맴도는 것을 피해 나갈 수 없다. 이러한 주변 환경이 처음에는 이색적으로 보일지 모르지만, 곧 물리기 시작한다. 그러나 모든 것들이 의무사항이다. 베를린 장벽이 무너지기 전 독일을 여행했던 사람들이 사회주의 집권이 무너진 뒤에야 독일의 동부에서 무엇이 일어나고 있었는가를 서독 사람들도 깨닫기 시작했다는 사실에 자신들을 위로할지도 모른다. 그러나 이국적이고, 이상하다고 느낌에도 북한 여행 중 깊이 느끼는 것은 전체주의적 집권을 마주하면서 느끼는 어리벙벙함과 난처함의 일종이다.

이 평양 건축 안내서는 비정상적인 것에 정상적임을 입히려는 역설적인 시도다. 평양을 돌아다니는 것이 도쿄, 코펜하겐이나 베를린을 돌아다니는 것과 별반 차이가 없는 것처럼, 이 책은 독자들을 평양의 거리로 안내한다.

쾰른에서 활동하는 크리스천 포스토펜(Christian Posthofen)은 건축의 철학과 이론에 대해 사색하고 기술하였다. 이 책에서, 그는 평양의 광장과 거리가 조심스럽게 차려진 무대인 세팅된 수도에서 어떠한 역할을 하는가를 고찰하였다.

백두산 천지 앞의 김일성과 김정일 부자를 묘사한 벽 모자이크, 평양(2007).

영원한 청춘: 평양 김일성광장 정부 청사의 북한 국기 아래 놓인 김일성의 초상화 (2010).

만경대학생소년궁전 무대 위에서 학생들이 매주 펼치는 음악 및 무용 공연 (2007).

선풍기로 냉방 조절이 되는 그림들.

날카로운 관찰을 통해, 그는 꽃의 이미지를 분석하는데, 그들 중 일부는 건물만큼 크며, 전략적으로 공공 공간에 설치되어 있다. 포스토펜은 김일성화 난(두 가지의 덴드로비움 종을 인도네시아 식물학자가 교접시킨 분홍색 난)과 김정일화 베고니아(1998년에 일본 식물학자가 교접시킨 밝은 빨강을 섞은 종으로, 아마도 북한에서 위탁해서 만들어낸 것이라 사료된다.)는 두 지도자를 상징하고, 김 씨 부자가 세운 왕국의 절대적인 권력을 강조하는 것으로, 사회적 오락으로써의 자연 지배라고 말한다.

전국의 산업, 교육, 당 조직체들이 까다롭게 선정한 꽃들을 수도로 보내는 화훼 전시회에 이 섞인 종 꽃들을 선보이기 위해, 2002년 특별 전시관이 평양시의 동부에 세워졌다.

마지막 에세이는 김정일이 저자로 출판된 건축에 대한 논문에서 발췌한 것인데, 이는 크리스천 포스토펜이 선정하고 소개한다. 원문은 건축이나 건설과 같은 기술적 분야를 포함한, 북한의 모든 사안과 활동, 사상의 포화 상태를 드러낸다. 이 글을 통해, 우리는 독자들이 북한의 계획과 건설에 대한 독자 자신만의 생각을 형성할 기회를 갖게 되기 바란다.

평양 지하철: 1998년 베를린 교통국(BTA)으로부터 사들인 열차에 김 씨 부자의 초상화를 달았다.

김일성 생일에 국기로 펼치는 단체 무용 공연. 나라의 '위대하고 영원한 지도자' (2005년 4월 15일).

김일성 생일에 국기로 펼치는 단체 무용 공연, 나라의 '위대하고 영원한 지도자' (2005년 4월 15일).

망치, 낫, 붓의 당 표상을 들고 있는 세 인물, 주체사상탑 앞의 거대한 조각모형 (2010)

평양의 주체사상탑 모형 (2010).

PAKISTAN LAHORE YOUTH COMMITTEE FOR STUDYING KIMILSUNGISM DATE OF FORM: 7 FEB. 1970	Study Group of Comrade KIM IL SUNG's Juche Idea of Latin American Students in Europe 120 Mar 1970
ASSOCIATION MALGACHE POUR L'ETUDE DES IDEES DU DJOUTCHE SUR LA LITTERATURE ET L'ART 15 AVRIL 1987	CIRCULO DE ESTUDIO SOBRE LA IDEA ZUCHE DE NICARAGUA 31 DE MAYO DE 1980
MUNSHI GANJ BRANCH COMMITTEE BANGLADESH 28 February 1981	KIMILSUNGISM STUDY GROUP OF THE SIERRA LEONE STUDENTS IN CUBA
CHITTAGONG DISTRICT BRANCH 16 March 1980 BANGLADESH	PAKISTAN RAWALPINDI SAID PUR ROAD STUDY CIRCLE FOR STUDYING KIMILSUNGISM DATE OF FORM: 25 MARCH. 1980
재일본조선청년동맹 중앙상임위원회	MAURITIUS INSTITUTE OF POLITICAL AND SOCIAL SCIENCES AND JUCHE IDEA STUDY GROUP
JUCHE IDEA STUDY SOCIETY OF RAJPURA, INDIA. 4. 2. 1979	Study Group of the Juche Idea of Comrade KIM IL SUNG of the Workers of Guyana People's Bookshop 12 April 1979
"CIRCULO DE ESTUDIO DE LA GRAN IDEA ZUCHE DEL CAMARADA KIM IL SUNG DE LOS ESTUDIANTES PANAMENOS QUE ESTUDIAN EN EUROPA" FECHA DE LA CREACION DEL CIRCULO 8 DE OCTUBRE DE 1975	ALIOUNE BLONDIN BEYE MINISTRE DES AFFAIRES ETRANGERES ET DE LA COOPERATION INTERNATIONALE DE LA REPUBLIQUE DU MALI
主体思想研究東京連絡会 1975.4.15	CENTRO DE ESTUDIOS DE LAS OBRAS DEL PRESIDENTE KIM IL SUNG LIMA PERU 15 4 1973
VICTOR LEDUC FRANCE	DIRECTEUR DE L'INSTITUT INTERNATIONAL DES IDEES DU DJOUTCHE KOUNOUTCHO SOSSAH TOGO

금지된 안내서

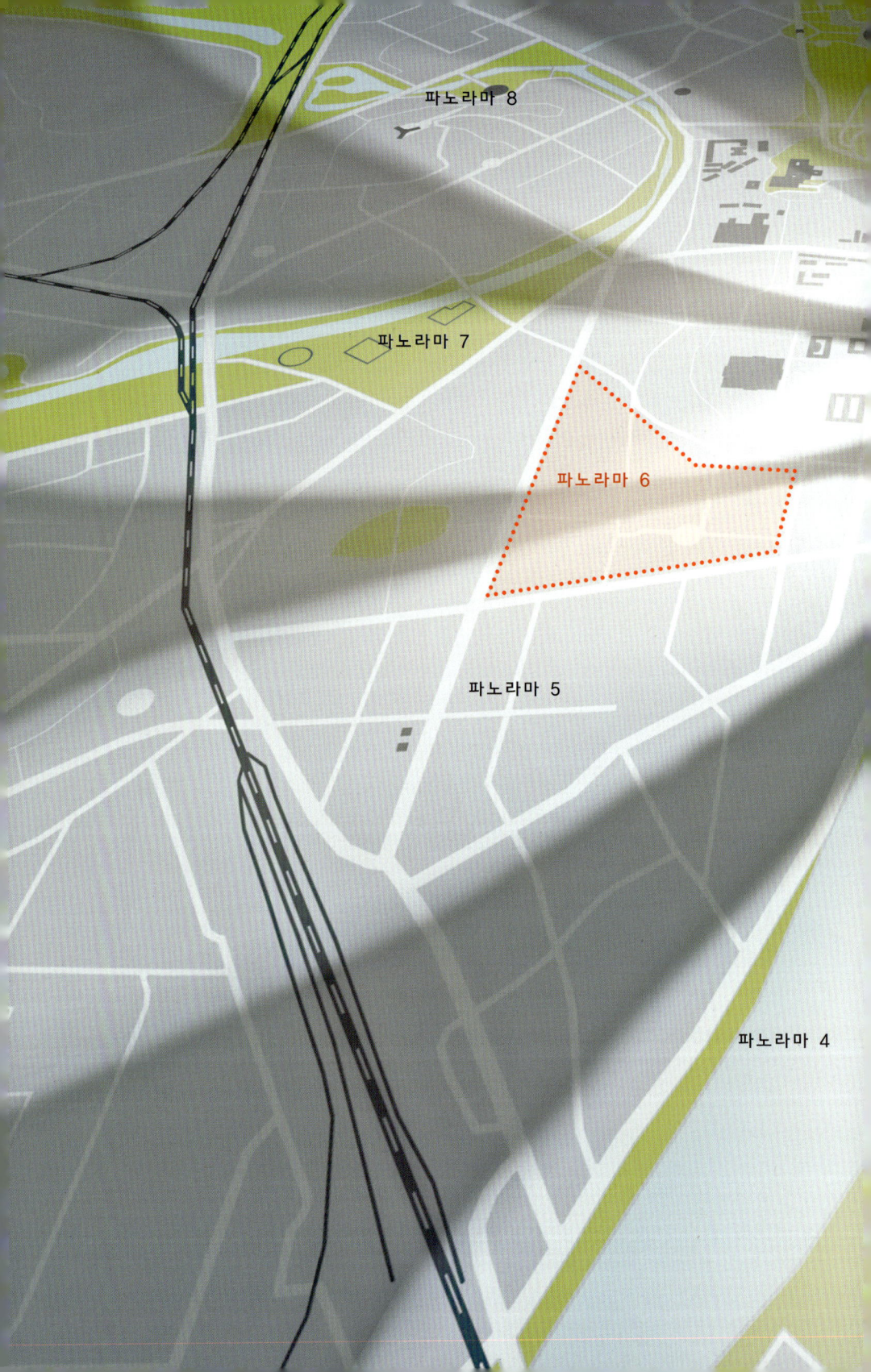

파노라마 1

파노라마 2

파노라마 3

파노라마

위에서 바라본 평양

이 지도의 중심인 주체사상탑에서 보이는 도시 중심. 8개 파노라마를 강조하는데 주체사상탑은 다음 페이지에 실려 있다. 파노라마 6은 중앙위원회와 당정부 간부들만이 이용할 수 있는 보안이 철저한 구역을 보여준다. 눈에 크게 띄지 않는 다른 장소들에도 비슷한 구성이 있을 것이다.

파노라마 3

통일거리 살림집구역 (004)

파노라마 4

평양국제문화회관 (O35)

김정일 사저

사무실 39

류경호텔

평양의 과거와 현재

1945년 8월 24일, 일본이 항복한지 9일 만에, 소련군이 평양에 진입했다.

해방 후 정확히 3년 뒤인 1948년 8월 15일에 펼쳐진 행진에 참가한 북한 여학생들.

미 장군 프랭크 로우가 모란봉에서 포획한 북한군 대공포 진영을 살피고 있다 (1950년 10월 21일).

1946년 세워진 평양 모란봉의 소련전쟁기념탑은 한국전쟁 중 손상되어 전쟁 후 같은 장소에 재건되었다. (좌:1951년, 우:1969년)

유엔군의 평양 함락 후 평양 대동교의 모습 (1950년 10월 19일).

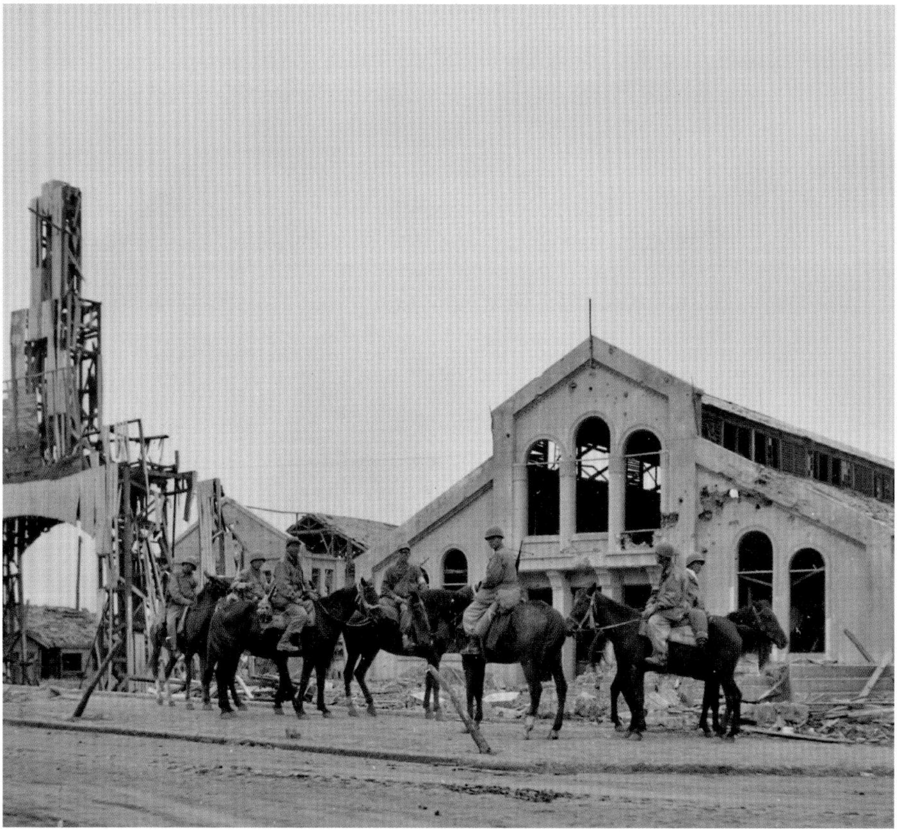

평양의 폭파된 공장 앞에 서 있는 남한 제1 기병대 (1950년 10월 19일).

대동강 위의 임시 2차선 다리로, 미군 공학자들이 지은 것이다 (1950년 10월 25일).

중공군의 공격을 피해 평양 인근 파괴된 다리를 통해 대동강을 건너는 피난민들 (1950년 12월 4일).

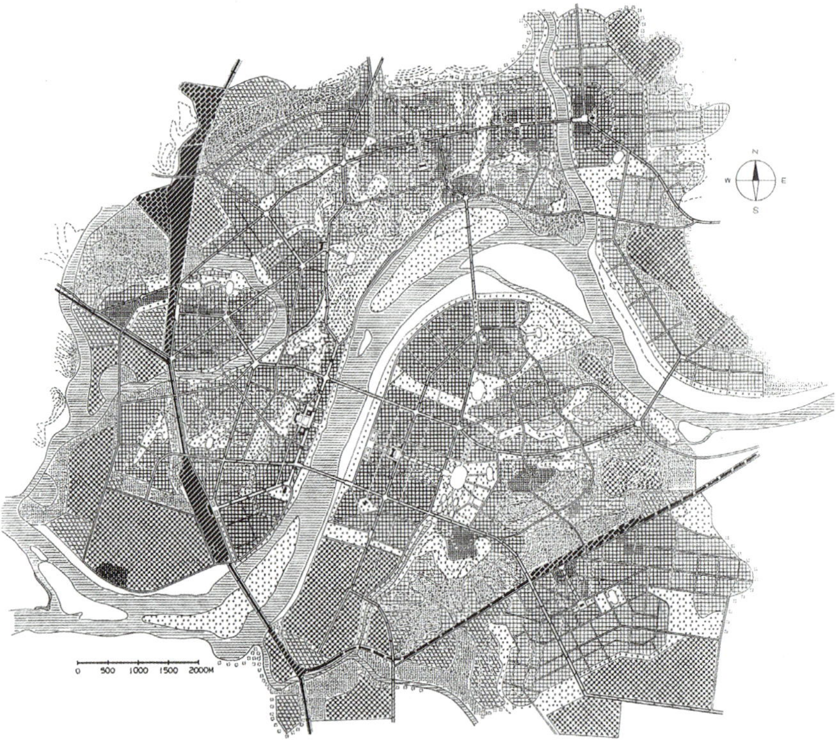

평양 재건 계획의 구조 (1956).

벽돌로 새로 지어진 주거 건물이 있는 평양의 교차점. 시민 생활이 정상으로 돌아온 것처럼 보인다 (1955년).

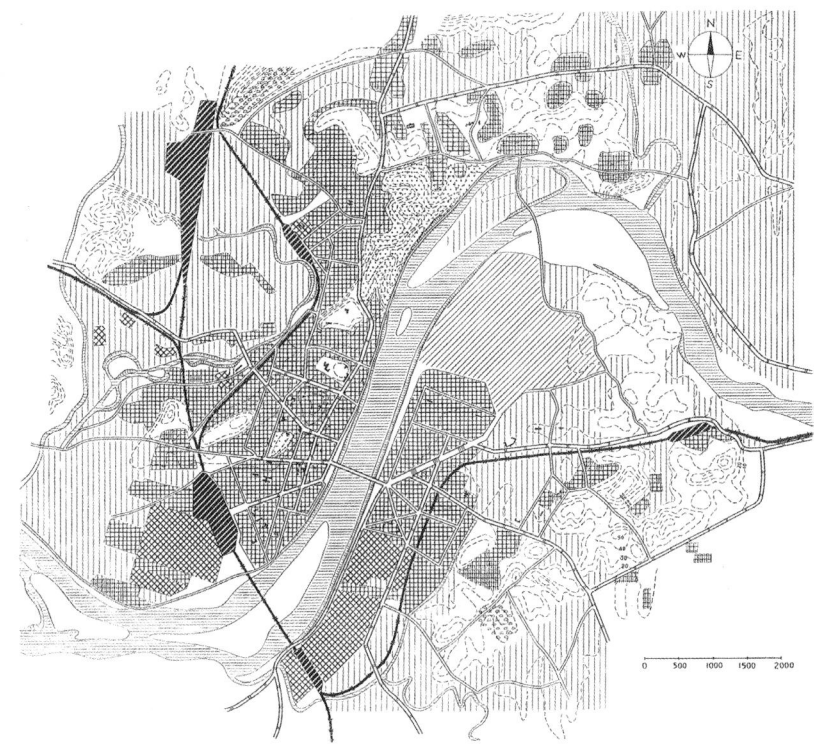

평양의 건설 밀도 (1945).

재건된 평양의 도로 전경. 건물의 양식들은 보수적이다 (1956).

입면 장식: 정신과 신체를 위한 교양 (1972). 현관의 벽 장식: 원자가 농업을 대체한다 (2009).

1969년 (공사 중인) 김일성종합대학의 설계 디자인을 기술자가 공사 인부들에게 설명하고 있다.

평양의 과거와 현재

평양 도시 중심의 주거 개발 공사 현장. 사진은 UIA 세계건축가회의(1958년 모스크바)의 카탈로그.

모란봉에서 모란봉경기장(현 김일성경기장)을 바라본 전경으로, 좌측에는 1982년 완공된 개선문 부지가 있다 (1971).

창광산호텔에서 바라본 전경으로 창광산체육센터(좌측)와 공사 중인 빙상관(우측)이 보인다 (1981).

서양 리무진 앞에 서있는 두 어린이 (1981).

평양의 과거와 현재

전 평양 국립교예극장, 현 조선인민군 교예극장의 모습 (1971).

090 058

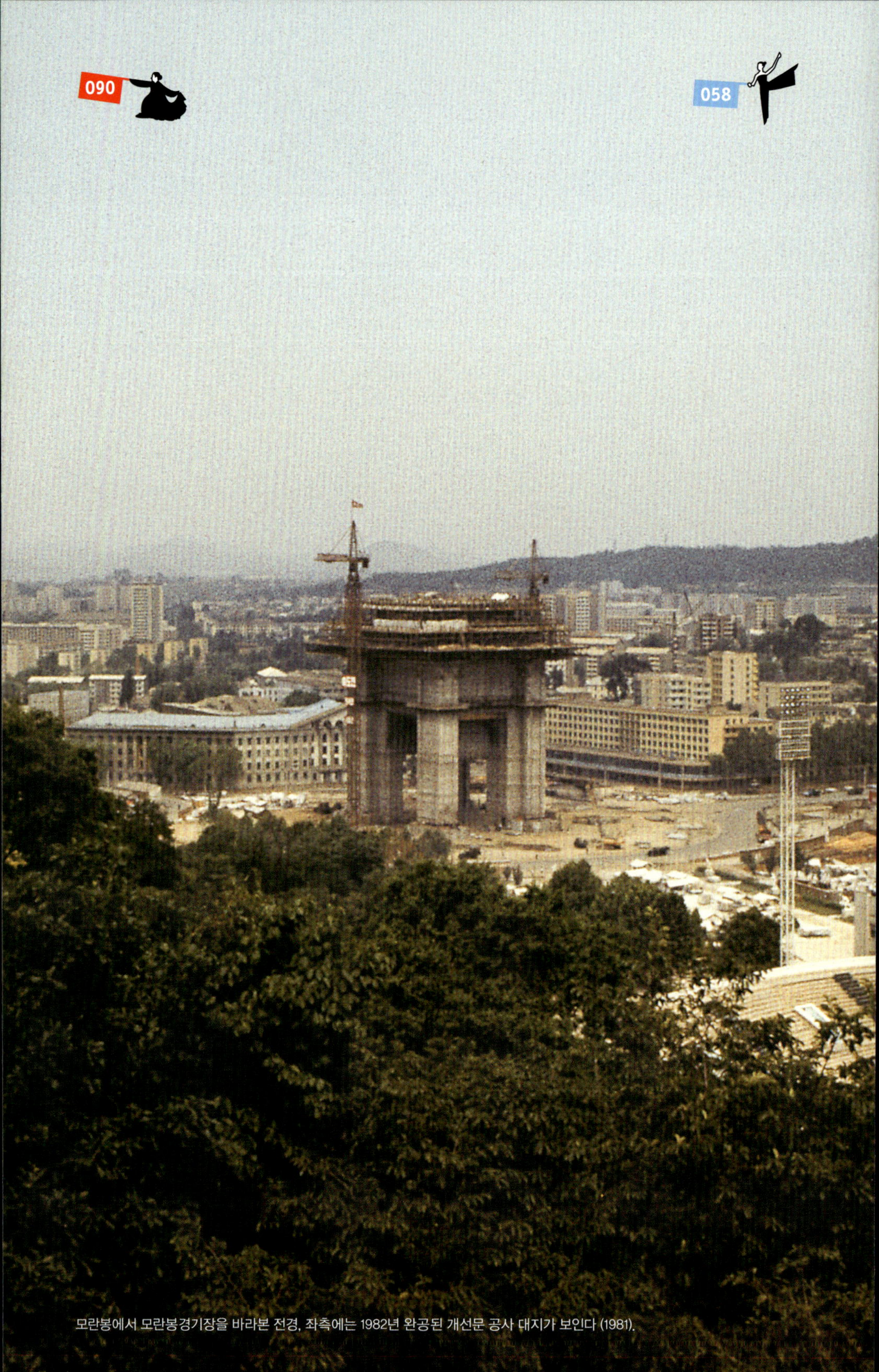

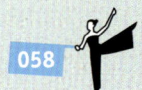

모란봉에서 모란봉경기장을 바라본 전경, 좌측에는 1982년 완공된 개선문 공사 대지가 보인다 (1981).

평양의 과거와 현재

개선문 뒤 배경으로 조선인민군 교예극장과 빙상관이 보인다 (2005).

090

평양의 과거와 현재

평양의 겨울, 도시가 눈으로 덮였다.

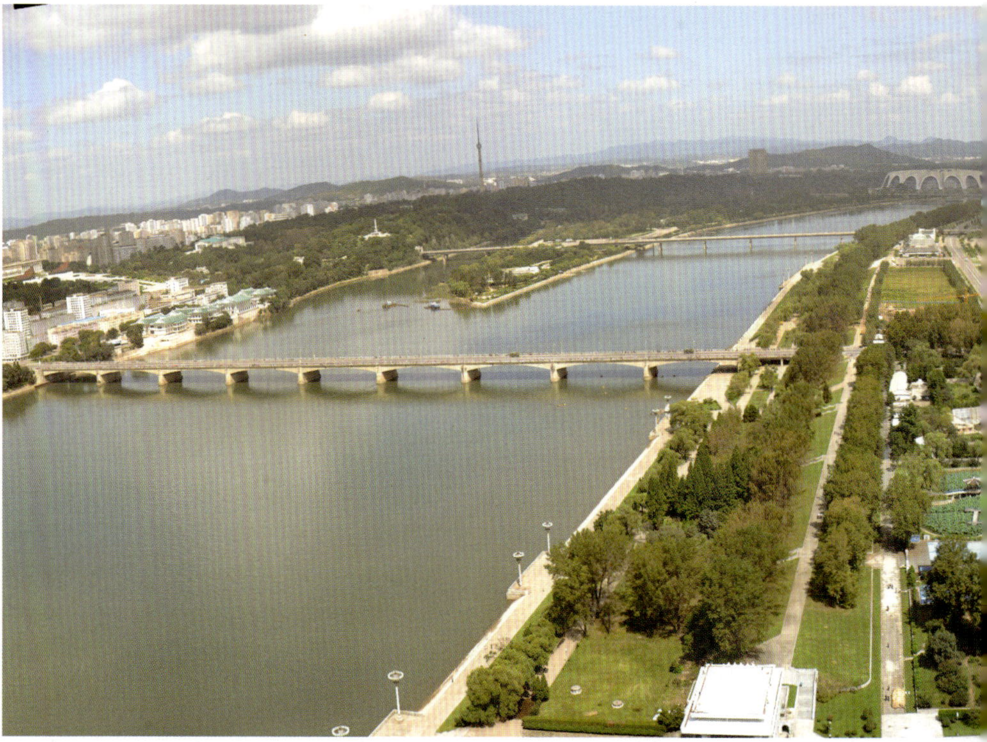

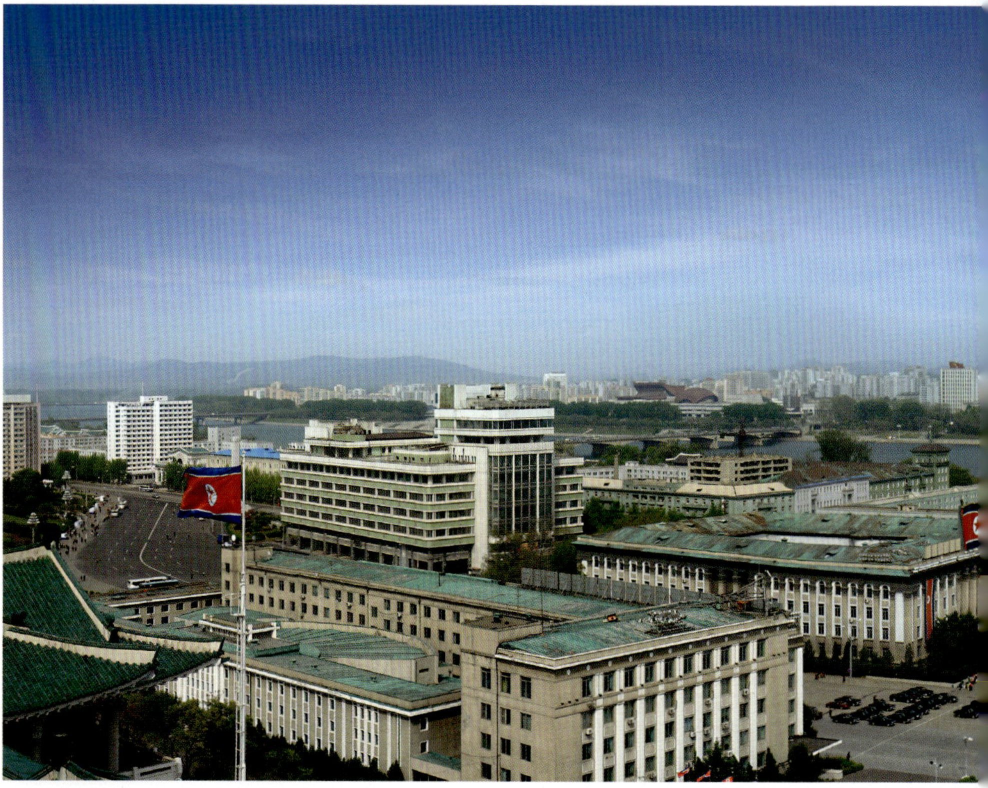

평양의 과거와 현재

평양 중심의 대동강과 주변 전경.

김일성광장 맞은편의 대인민학습당에서 강 건너편의 제1백화점과 주체사상탑을 향해 바라본 광경.

부흥역 입구 맞은편에 있는 평양시 중앙의 5층 살림집. 배경으로 보이는 건물은 공장이다.

문수동의 전 동독대사관 건물은 현재 독일과 스웨덴의 외교 사절을 수용한다.

평양의 과거와 현재

평양국제문화회관 건물 뒤에서 본 도로.

1950년 전후 유럽 건축을 연상시키는 건물들: 천리마거리의 새로운 살림집 개발 (1971).

평양의 과거와 현재

평양에서 북측으로 약 25km 지점에 있는 수난공항의 입국 및 출국장.

조국해방전쟁승리박물관은 일제 강점기부터 소련군의 점령 및 김일성이 북한의 첫 번째 수령으로 임명될 때까지의 변천에 대한 북한식 해설을 보여주는 80개의 전시관으로 이루어졌다.

평양의 과거와 현재

수난공항은 북한 국영 항공사인 고려항공의 주 공항으로, 국제항공교통협회는 FNJ를 공항 코드로 사용하고 있다.

고려호텔 옥상.

고려호텔에서 창광거리를 바라본 전경 (2009).

조국해방 전쟁승리 기념탑 입구

평양의 과거와 현재

인민대학습당: 전통 양식 지붕의 세부 (2005).

승리거리의 시내버스와 뒤로 평양대극장이 보인다.

북측에서 바라본 인민대학습당. 이 건물은 김일성광장의 중심 건물로 1982년 지어졌다.

평양대극장은 도시 중심에 있는 승리거리와 영광거리의 교차점에 전통건축양식으로 지어졌는데, 2,200명의 관객을 수용할 수 있다.

인민문화궁전은 전통 양식으로 지어졌고, 3,000명까지 수용할 수 있는 회의장과 1,000명을 수용할 수 있는 연회장이 있다.

UFO가 피라미드 옆에 착륙하였다: 류경정주영 실내체육관은 12,000명의 관객을 수용할 수 있으며, 2003년 류경호텔이 바로 바라보이는 지점에 개장하였다. 지붕이 덮인 체육관은 현대·기아 그룹의 설립자이자, 오랫동안 그룹 총수로 지낸 정주영의 후원으로 설립되었다.

평양의 과거와 현재

037

이 건물은 조선문학예술총동맹 소속으로 중앙위원회의 문화예술부에 속한다.

027

조선 사회주의의 3대 혁명(사상, 기술, 문화) 전시에 대한 정보가 있는 전시 건물.

북한의 대표적인 신문인 〈로동신문〉 사옥과 그 앞 거리 전경.

창광거리에 있는 한 식당의 내부.

창광거리에 있는 한 식당의 내부.

창광거리에 있는 고려호텔 로비.

평양 남서쪽의 세라믹 타일 공장 내부.

세라믹 타일 공장 내부, 타일이 건조되고 있다.

세라믹 타일 공장에서 노동자들이 타일을 만들고 있다.

개선청년공원의 놀이기구와 사람들.

평양의 과거와 현재

창광체육센터에 있는 수영장.

빙상관의 VIP 전용석

1981년 지어진 창광산체육센터의 미용실. 설비와 가구는 그 전에 쓰던 것들이다.

창광산 체육센터의 미용실에 있는 대기실. 벽에 걸린 사진들은 여성 손님들이 원하는 머리 모양의 선택을 돕는다.

평양의 과거와 현재

대동강의 야경. 주체사상탑과 그 주변의 건물들이 환하게 밝혀져 있다.

평양의 과거와 현재

당창건기념탑은 사회의 세 가지 중심인 노동자(망치), 농부(낫), 지식인(서예 붓)을 나타낸다.

건축적 호기심의 방
평양 거닐기

필립 뭬제아 Philipp Meuser

38선 북쪽의 고립된 지역 안에서 나오는 정보 중 믿을만한 경우는 드물고, 북한에 대한 보도들은 대부분 답변이 되지 않는 질문이나 자자한 추측들로 이루어진다. 세계에서 가장 큰 군대를 가진 나라의 미사일 테스트 활동을 감지하는 지진계 감지소에서는 정기적으로 동아시아 지반의 흔들림이 감지된다.

중국, 러시아, 남한과 국경을 접한 작은 나라에 들어가는 허가를 받는 데 성공한 운 좋은 소수 여행객이나 방문객들은 우열을 다투며 서로 부조리한 경험들을 연관 짓는다.

부득이, 이 건축 안내서는 짐작과 해석에 치중하고 있다. 북한에서 조사 작업을 한다는 것은 일체 불가능하며 일상 상황을 잡아내는 것은 더욱 어렵다. 어떤 다른 나라도 냉전의 마지막 보루인 북한처럼 철저하게 고립되어 있지는 않다.

평양은 과거 골족의 마을보다도 더 정치 지도자가 세운 공동생활의 독특한 규칙들을 따르고 지구화에 굴복하지 않고 거부한다. 인간의 권리나 사회적 자기 결정권의 명백한 이슈들은 제쳐놓더라도, 평양은 거의 확실히 사회주의 건축이 가장 잘 보존된 야외 박물관이다. 평양은 표준화된 대량 주거 개발, 넓은 도로, 야심차게 디자인된 공동체 건물, 기념적인 공공건물이 지배적이다. 간판이나 화려하게 장식된 키오스크는 어디에도 보이지 않고, 유일한 색상이라고는 곳곳에 있는 선전 포스터들뿐이다. 개인적인 교통수단이 없어 도로들은 아스팔트로 만들어진 삭막하고 넓은 장소일 뿐이다. 대규모 주거 개발의 단조로운 연속성은 규칙적으로 '영원한 지도자' 김일성과 그의 아내, 아들을 보여주는 대형 조각과 기념탑들로 끊어진다. 개별적인 것들을 총체적으로 무색하게 만드는 것은 도시의 리듬을 정의하며, 이는 교차로와 조심스럽게 디자인된 갈림길에 선 국가 선전 슬로건에 의해 인도된다.

평양의 시민 인구수는 3백만 명으로 추정되는데, 북한의 수도는 초기 러시아 구성주의의 도시 디자인 개념을 제외하고는 어디에서도 볼 수 없어 건축적 호기심을 자극한다. 평양은 개념부터 모든 생활이 깔끔하게 구획된 기능적 유닛 안에서 엄격한 감시하에 놓인 실험 도시다. 평양은 유토피아 이상의 이미지며 과거의 유물로써 오늘날까지 보존되어 남은 사회주의적 실험의 장이다. 평양이 처음인 방문객에게 북한의 수도는 넓은 거리와 거대한 광장으로 지배되는 근대 도시의 인상을 준다. 주요 도로에는 회색과 파스텔 빛으로 장식된 입면의 복층 주거 개발이 나열된다. 맑은 날에는 건물들이 화려한 색상으로 보인다.

두 번을 보아도 역시, 평양은 근대의 도시처럼 보인다. 비록 그것이 사회주의의 근대일지라도 말이다. 평양의 전반적인 배치는 읽기 쉽고 대동강에 의해 구분된다. 도심은 역사적으로 서평양이었다. 반면, 구 공항의 부지인 동평양은 오늘날 살림집 구역이거나 보안이 철저한 외교 관저 단지다. 강남 쪽으로는 통일거리를 따라 거대한 살림집 개발이 일고 있는데, 이는 루트비히 힐버

주체사상탑의 기단은 국가가 강제하는 주체사상에 대한 건축적 강조로 화강암 블럭으로 지어진 첨탑이다.

88
89

건축적 호기심의 방

평양의 일출, 170m의 주체사상탑이 아침안개를 뚫는다.

자이머나 르꼬르뷔제의 도시 디자인에 대한 과대 망상적 환상을 벽돌과 회반죽으로 실현하려는 것으로 보인다. 이는 현실에서 결코 친밀하거나 살기 좋을 수 없는 그림 속의 예쁜 광경이다.

그러나 이것이 단지 북한의 정치 체제의 반영이라고 결론짓는 것은 너무 뻔하다. 결국, 전체주의 규칙 하의 나라도 국민의 기본 요구를 충족시켜야 한다. 평양의 도시 개발과 건축에 대한 서구적 비평의 접근은 많은 질문을 쏟아낼 것이고, 이 중 대부분이 이미 질문에 대한 답들의 씨앗들을 가지고 있다. 왜 도로에는 겉이 번지르르한 살림집 건물들이 나열되고, 그 뒤의 소박한 단층 오두막들은 감추는 것인가? 왜 공공건물들과 기념물들은 어두워지면 완벽하게 디자인된 조명으로 밝히고, 개인 주택들의 조명은 거의 없을까? 왜 공공건물들은 채석된 돌들로 치장된 화려한 입면을 과시하는 반면, 프리캐스트 콘크리트 인도 블록의 넓은 틈은 그렇게 방치하는 것인가?

강요된 집단주의, 경제적 비상의 지속성 여부, 초대형 사회 행사와 그 행사가 열리는 국가의 훌륭한 건물에 대한 집중은 건물들이 어떻게 운영되고 유지되는가에 따라 그 우선순위가 정해진다.

이 현상은 대지의 소유권이 문제가 되는 않는 사회 시스템의 징후다. 평양은 국가 소유의 부동산 정책의 극한 형태가 가질 수 있는 매우 인상적인 사례를 제시한다. 평양의 도시 전체, 스카이라인과 교차로들은 민주주의 시스템에서는 무섭게 보일 수도 있는 완벽함을 가지고 있다. 현대 및 근대 건축에서 유래된 시공의 질, 재료의 선택, 미적 즐거움과 같은 잣대는 잠깐 무시하고 제외해 본다면, 평양의 도시 계획가의 노력에 대해 만점을 주어야 할 것이다. 도시에서 쉽게 길을 찾을 수 있는 점, 공공건물들의 명확한 표현, 광장으로 확 트인 교차로와 전망의 세심하게 조성된 비율, 이 모든 요소는 어떠한 도시 계획 교과서에서도 찾아볼 수 있는 것들이다. 그런데 이렇게 엄격한 적용이 우리의 유럽적 시선으로 보면 짜증을 일으킬 수도 있다.

북한의 토지법이 서구의 토지소유 방식과 완전히 반대라는 것은 놀랍지도 않다. 1977년에 통과한 토지법은 우리의 시각에서 경제적 자산을 어떻게 사상적인 자산으로 바꿀 수 있는지를 증명해 보인다. 토지법 문구에 따르면, 조국을 위해, 국토를 자율적으로 경작하기 위한 농민의 집

주체사상탑 아래 있는 외국인 관광객. 석재 명판은 세계 각국의 정치가와 지지자로부터 기부 받았다고 전해진다.

주요 도로 상의 건물들을 보여주는 우표 (1993).

단 권리를 위해 희생한 한국 전쟁 사망자는 국토를 '혁명가들의 피'로 흠뻑 적셨다. 농업, 산업, 건설을 위한 국토의 이용은 군사적으로 추진되고, 국토 자체는 완전히 국가 및 산업 단지나 주택 개발국과 같은 국가 당국의 처분에 맡긴다. 동시에 토지법은 공산주의의 아버지 칼 마르크스가 '노동 계급의 착취'의 근본 원인이라고 봤던, 대규모 토지 소유의 봉건 원칙에 대한 반정립이라고 볼 수 있다. 상위 행정 위원회, 시 계획 당국이나 계획 협회, 건축 조합과 같은 국가 조직은 도시와 시골 삶의 조건들이 동등할 수 있는 방식으로 도시와 마을을 디자인하도록 법 제52항에 의무화하고 있다. 다른 한편으로 국가는 언제나 토지의 사용과 토지 위의 건물 사용이 유효하도록 강제할 수 있다.

북한처럼 건축이 불가분하게 국가의 사상에 연결된 곳은 세계의 어느 나라에서도 보기 드물다. 개시 날짜가 적힌 명판이 모든 공공건물에 부착되어 있고, 날짜는 항상 지도자들의 생일, 당 창립일, 개국일이나 다른 공산주의 모델 국가의 국경일이다. 독일의 한 공공 건축 재단이 일반적인 국가 정체성의 고정 요소로써의 북한건축을 위해 수년간 싸웠는데, 좋지도 나쁘지도 않은 성공을 거두었다. 물론, 이 정체성은 북한에서 엄격하게 위에서 아래로 부과된 것이다. 사상 역시 국가가 발행하는 우표의 주제로 쓰이는데, 이는 우표가 엄밀한 의미에서는 세계로 가는 외교 사절의 기능을 하기 때문이다. 여기서 주목할 만한 것은 손톱만한 크기의 우표에 선택된 건물이다. 김일성 생가, 학교, 유랑 생활 동안의 거주지뿐만 아니라, 대인민학습당, 개선문, 체육 시설 등과 같은 대형 공공건물들도 포함한다. 특히 중요한 것은 다른 나라에서는 일간지의 지역 지면에도 언급되지 않을 법한 평범한 건물들도 반복해서 우표에 싣는다는 것이다. 예를 들면, 통일, 문수, 모란봉, 천리마, 광복거리의 살림집 개발 이미지를 인쇄한 우표들이 있다. 주제의 주요 초점은 전략적으로 중요한 도로에 있다. 건물들은 도로의 주

평양의 도시(주체사상탑에서 창광거리를 바라본 전경)를 보여주는 특별 우표 (1993).

변에 위치하기 때문에 우표에 나오는 것이다. 따라서 건축은 집단 사회사상을 위한 배경막으로 작용하는 것처럼 보인다. 이는 궁극적으로 북한의 일상 건축에 대한 인식을 반영하는 것으로, 무엇보다 중요한 도시와 국가의 화합에서 아파트는 가장 작고 덜 중요한 단위를 표상한다.

건물의 모양은 건설되던 시기의 국제적 조류를 따른다. 그리고 이는 국가의 특색으로 간주해야 한다. 그러한 건축적 언어는 비 주거 건물의 디자인에서 느껴지는 전통에 절대 맞지 않는다. 북한의 건축 책임자들이 이러한 사실을 몰랐을 수도 있다. 하지만 높이 치솟은 고층 건물이나 굽이치는 블록, 팔각기둥이나 원통형 건물들은 2차 대전 이후 모더니즘의 산물같다. 오늘날까지

르꼬르뷔제의 '거주를 위한 기계'를 해석한 구소련의 영향으로 특징지어진다.

평양의 거주 지역들은 세월을 빗겨가지 못하고, 무자비하게 질 낮은 건축을 보이는 러시아 교외를 연상시킨다. 그러나 몇몇 개인의 작은 혁명은 감추기가 불가능하다. 구소련의 조립식 주택 개발 지역에 사는 수백만 시민처럼, 평양 거주자들 역시 그들의 발코니를 둘러싸서 거실, 창고 혹은 임시 온실을 만들기 시작하였다. 서둘러 만든 외피의 유일한 목적은 온실을 추가하여 단열을 높이려는 것일지도 모른다. 조립식 건물은 콘크리트로 획일적으로 만들어져 러시아, 중국, 동유럽의 조립식 주택 개발과 같은 단열 효율성을 가지고 있을 것이라 생각된다. 이러한 쌀쌀한 주택에서 난방 배관의 온기는 매서운 동아시아의 겨울에 꼭대기 층까지 도달하지 못한다. 반면, 더운 여름에 창 뒤는 찌는 듯이 더운 상태가 된다. 미적으로는 르꼬르뷔제의 이론에서, 그리고 작고 밝게 채색된 우표의 테두리 안에서는 순수하고 완벽하게 보이는 것들이 실용화 된다 해도, 편안함은 거의 제공되지 못한다. 20년쯤 지나면, 창

호텔과 (1987) 고층 살림집 개발을 보여주는 한정판 우표 (1985).

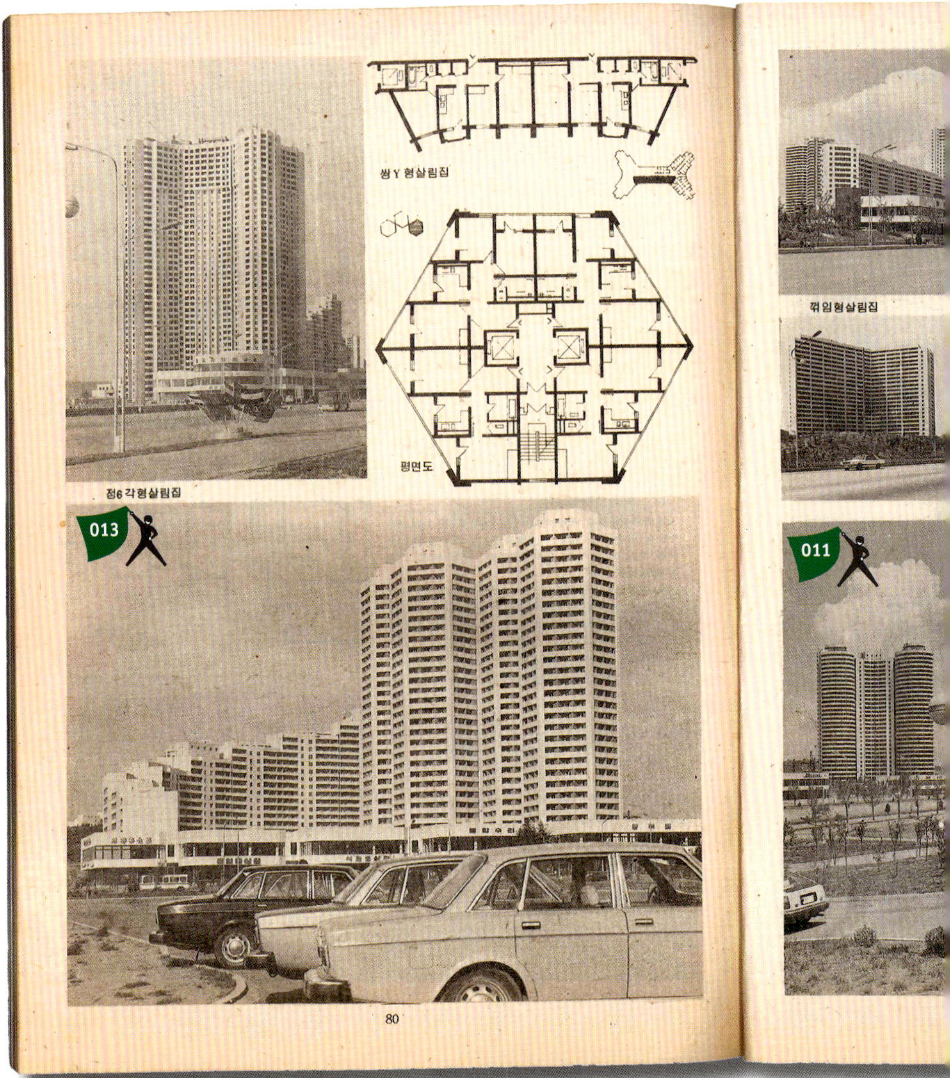

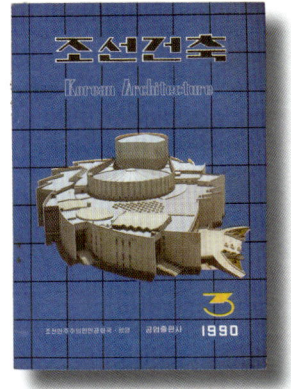

〈조선건축〉은 1987년 창간된, 북한에서 가장 중요한 건축 및 계획의 정기간행물이다.

3-1990.

건축적 호기심의 방

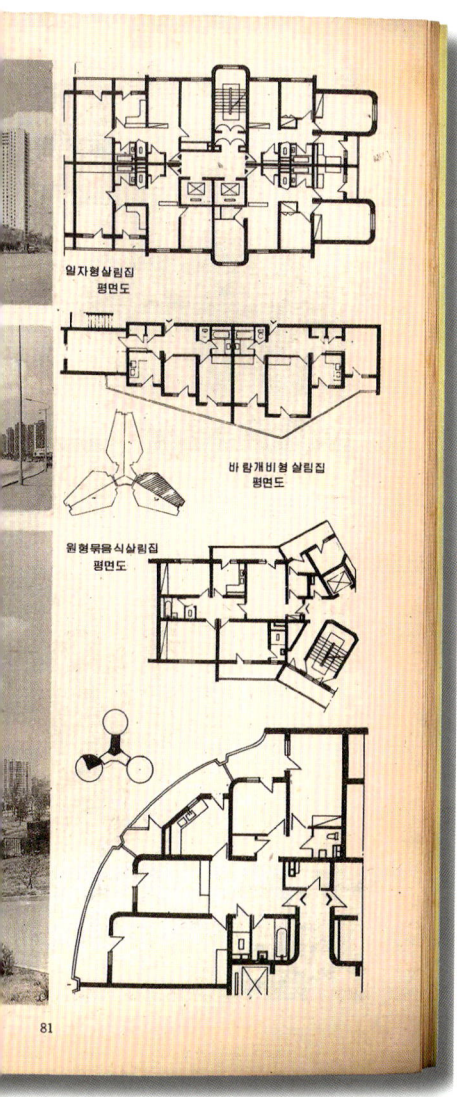

광복거리의 주거 개발, no. 3–1990.

4–1992.

3–1995.

광복거리의 원통형 살림집 타워와 파도 모양의 아파트, 이는 전통보다는 르꼬르뷔제의 정신에 근접한 것이다.

문들은 수리가 필요한데, 창문들이 설치되고 난 이후, 페인트나 밀폐 화합물은 한 번도 갈지 않은 것 같다. 지면에서 올라가는 습기는 지면층에 그 자국을 남겼다. 그러나 새로운 개발이 적어도 수도, 화장실, 욕실 및 눈에 보이는 라디에이터를 창문 아래에 제공하는 한 이러한 살림집들은 뒤편에 놓인 진흙 오두막보다는 희망을 품은 북한 가족들에게 더 매력적이다. 진흙 오두막은 현대적인 위생 시설이 갖추어져 있지 않다. 그럼에도 이러한 콘크리트 사막 사이를 걸으면, 건축이 마음과 신체 모두 병들게 할 수 있다는 쓴 현실을 마주치게 된다. 아마도 오직 이 한 가지일 것 같지만, 한 가지 긍정적인 측면이 모든 것들로부터 모일 수 있다. 이러한 건물들이 투영하는 익명의 분위기에도, 1층 아파트 창에는 강도를 대비한 방범창이 설치되어 있지는 않다. 헐벗은 벽은 그라피티의 흔적도 보이지 않고, 외부 공간은 병원보다 더 청결해 보인다. 건물들 사이에는 잔디밭도 없다. 심지어 발코니에도 식물은 보이지 않는다. 선전 포스터와 정보 게시판이 단조로운 배경을 꾸미는 전부다.

한 살림집 구역 앞의 콘크리트 기둥은 서양 시각에 특히 거슬리는 물건을 받치고 있다. 조각 비슷한 설치물은 다음 문구로 꾸며져 있다: '《사회주의 교육에 관한 테제》 만세!' 이 비문 아래 네

건축적 호기심의 방

011

가지 색상의 패널들에는 네 개의 선전구가 영웅체로 새겨져 있다: '신념화된 충성심; 충성의 마음; 최우등학급 쟁취; 태양절을 맞으며' 마지막 문구는 4월 15일을 뜻하는 것으로 김일성의 생일이며, 대규모 군중 무용 공연으로 영웅의 생일처럼 기념한다. 국제 예술 전시에서는 이러한 작품이 아마도 상을 받을만큼 뛰어난 예술성을 인정받을 것이다. 그러나 북한에서는 사상구현의 한 방식으로 그저 현실이다.

주체사상탑은 김일성의 세계관과 북한의 지도 원리를 담은 남근석 모양의 탑으로 평양 도시 경관의 중요한 위치를 차지하고 있다. 대동강 동쪽 기슭의 전략적 위치에 압도적으로 자리 잡아, 인민대학습당으로부터 동쪽으로 김일성광장과 강을 가로지르는 축을 정의한다. 비록 도시 내부의 중심에 있지는 않지만 주체사상탑은 평양의 중심 랜드 마크로 자리 잡고 있고, 평양의 가장 좋은 전망을 제공한다. 그리고 도시 안에서 가장 중요한 장소들은 주체사상탑의 시야를 가로막지 않고 확 트인 조망을 제공한다. 기단부터 꼭대기의 빨간 햇불까지 170미터 높이로 화강암으로 만들어진 탑은 '위대한 수령' 김일성의 현안을 우상화하기 위해 만들어진 것이다. 쾰른 대성당과 같은 높이며, 세계에서 가장 높은 석조 구조물로 알려져 있다. 탑과 교회 건축 사이의 비교

평양의 일상생활: 당창건기념탑 앞 두 어린이.

통일거리의 군고구마와 군밤을 파는 상점.

통일거리의 책과 사무 용품을 파는 가판대.

건축적 호기심의 방

꽃무늬 벽 앞의 고가 음식 진열 케이스.

통일거리의 주거 블록: 글자가 있는 아파트는 '사회주의 교육의 기초 사상'을 나타낸다.

는 결코 부적절하지 않지만 공식적으로 3분의 2가 무신론자인 북한 주민에게는 일종의 종교 대용을 표방하는 것이다. 1977년 국가사상이었던, 국제적인 막시즘-레닌주의를 주체사상이 대체하게 되었다.

주체사상에 기반을 둔 새로운 책력이 2003년 도입되었고, 1912년(김일성 출생연도)을 새로운 책력의 첫해로 보고, 그때부터 연도를 세었다. 그런데 주체사상은 2009년 선군 정책(군사 우선)에 의해 2009년 북한 헌법에서 두 번째 항목으로 강등되었다.

똑바로 선 주체사상탑과 마찬가지로 당 창립을 기념하는 기념탑은 조심스럽게 마련된 무대에 세팅되어 놓여 있다. 동평양에 위치하여 만수언덕(김일성의 거대한 동상이 위치)으로부터 평양시의 동부에 이르는 축의 끝을 지정한다. 세 개의 거대한 손들은 5m 높이, 50m 지름의 육중한 화강암 띠 위에 올려 있다. 그 손은 망치, 낫, 붓을 하늘 높이 들고 있으며, 이는 노동자, 농부 - 이를 곡해하면, 세계의 어느 공산당 중에서도 북한 공산당을 독특하게 만들어준다- 지식인 계급을 상징하는 것이다.

건축적 호기심의 방

평양 곳곳에서 발견되는 수많은 기념탑 이외에도, 공공건물들 역시 시선을 끌 수 있도록 디자인되었다.

광복거리는 그 거리가 6km고 폭은 100m로 도시 내부와 만경대 구역의 김일성 생가 사이를 연결하며, 1989년 제13회 세계청년학생축전에 맞춰 완공된 소년학생궁전이 도시 앙상블의 남쪽 끝을 지정하는데, 이는 후기 사회주의에 나타나는 한 사례로 해석될 수 있다.

소년학생궁전의 모양은 두개의 곡선 날개를 지니는데, 엄마가 팔을 열어 아이를 맞이하는 모습을 연상시킨다. 그 중심에는 2천 명의 사람들이 앉을 수 있는 좌석이 있는 대강당과 전문적인 극장 무대가 있다. 대강당의 측면에는 여러 교실, 음악실, 스포츠 홀들이 있다.

단지는 총면적 100,000㎡, 약 300,000㎡의 부지에 위치한다. 50,000㎡의 채석 석재와 20,000㎡의 유리가 시공에 들어갔는데, 어느 정도 전체 건물 비용을 실명할 수 있을 것이다.

공식적인 정보 책자에 따르면, 1조 US 달러가 들었는데, 이는 북한의 전체 노동 인구의 총 월급을 넘는 액수다.

천리마거리의 새로운 주거 개발 (1971).

천리마거리의 주거 (1981).

중신 구역의 살림집 건물 뒤 (2009).

건축적 호기심의 방

만경대학생소년궁전 (1989년 준공)은 광복거리 끝에서 건축적 악센트를 준다.

주요 입구 앞, 넓은 계단의 기념비적인 열 꼭대기에서 방문객들은 동상의 환대를 받는다. 두 날개를 단 말들이 끄는 전차에는 11명의 어린이가 있다. 어린이들은 북한 학교의 11학년을 상징하는 것으로 특수 무기 훈련, 비행 교습, 대화 훈련을 포함하고, 일반적인 교육을 제공하기보다는, 젊은 사람들이 5년의 군사 훈련에 준비되도록 대비시키는 것이다. 이는 소년학생궁전의 과외 활동이 수업 이후에 어린이들이 쉴 수 있도록 디자인된 것이 아닌 경우와 마찬가지다.

만경대궁전에서 여가를 보내는 어린이들은 국가의 주입식 교육 프로그램에 개성거리의 개선문 아래를 지나는 도로 위의 운전자들만큼 노출되어야 한다. 60m의 구조물이 파리의 개선문을 연상시킨다는 것은 부인하기 어렵다. 그러나 차이가 있다면 파리, 모스크바나 로마의 기념물 아치나 베를린의 브란덴부르크 문은 차가 통과하지 못하고, 운전자들은 그 개선문에 넓은 공간을 내어 주어야 한다. 평양에서는 개선문이 도로 전체를, 시 북쪽에 있는 공항에서 도심으로 갈 때 통과해야만 하는 의무적인 랜드 마크다. 많은 일본 관광객을 포함한 외국인 방문객들은 개선문을 돌아갈 수 있는 선택이 없다.

만약 개선문이 1945년 일본으로부터 해방직후에 지어진 것이라면 이상해 보이지는 않을 것이다. 그러나 1만여 개의 석재 블록으로 지어진 이

108
109

건축적 호기심의 방

056

무용 공연은 아주 작은 안무의 디테일까지 만들어진다.

개선문은 네 면이 열려있다. 자동차들은 4차선 도로에서 개선문을 통과한다 (2010).

1982년에 지어진, 개선문은 붉은 군대의 도착과 함께 1945년 종식된 일본 점령에 대한 상기다.

화강암 구조물은 1982년이 지나서야 지어졌다. 그리고 김일성의 70번째 생일을 기념하기 위한 것이었다. 따라서 건축은 김일성이 그의 국민에게 영웅 역할을 하는 식민 수단으로 쓰였다.

입면의 날짜는 김일성이 일본군의 점령에 대항해 싸운 전투를 상징하는데, 이 전투가 20년 정도 걸렸다고 주장하는 것이다. 그러나 역사적인 사실은 북한 영웅에 대한 전설과는 다르다. 1925년 13살의 나이에 김일성은 중국으로 도주하여 거기서 소련으로 넘어가 붉은 군의 대위가 되었고, 실제로 블라디보스토크 인근의 프리모래 지방의 제2 극동 부대, 제88 소총연대에서 대대장의 지위에 올랐다.

김일성이 1945년 군대장의 측근 구성원으로 평양에 돌아올 수 있었던 것은 아마도 김일성이 소련에서 보낸 경험과 시간 때문이었을 것이다. 김일성이 고국으로 금의환향한 것에 대해서는 질문할 여지도 없겠지만, 그는 영토에 익숙지 않은 군대 사령관의 조수로 돌아왔다.

그런데 개선문의 화강암 입면에 예술적으로 새겨진 영웅의 동상은 북한의 집단 기억으로 편집되어 새로운 역사를 새기고 있다. 건축은 신화를 만드는 매체로 나타나고, 그 신화는 국가의 잠재의식으로 숨 막히게 확고히 잡고 있다.

화려하게 진열된 건축물 사이에서 한 건물이 두드러지는데, 그것은 도심 북쪽의 대동강 능라도에 있는 노동절체육관(능라도체육관이라고 불리는)이다. 체육관은 1989년에 제13회 세계청년게임이 열리던 해에 준공되었다. 15만 명의 관

백두산아카데미에 있는 도시 모형 디테일로, 노동절체육관(15만 석)의 전경을 보여준다. 스케일: 1:1,000

중이 16개의 알루미늄 지붕 아래에 앉을 수 있고, 각각의 지붕은 약 100m 너비로 세계에서 가장 큰 체육관이다.

보통 아리랑 축전(pp.128-151 참조)이 8월 중순에서 10월 초 사이에 노동절체육관에서 열린다. 이 이벤트 하나만으로도 북한에 가볼만하다. 수천 명의 체조선수들이 아레나로 엄격하게 입장하여, 전투 부대의 훈련 프로그램을 연상시키는 듯, 군사적인 정확도로 동시에 체조 연기를 선보인다.

대부분 공연을 하는 연기자들은 어린이나 청소년들로, 그들은 이 대단한 행사를 위해 몇 달씩 준비하며 보낸다.

두시간 채 되지 않는 공연의 외국인 티켓 가격은 2010년에 80유로와 300유로 사이였다. 연기자의 순수한 숫자에 비하면, 그다지 비싸지는 않다. 반대편의 특별관람석에는, 거의 3천여 명의 사람들이 몇 킬로그램이 나가는 판들을 사용하여 다 같이 모자이크와 같은 배경 그림을 열심히 만든다. 이는 지속적인 리듬에 맞춰 바뀌고, 한 행사에 보통 백여 그림들이 사용된다. 이러한 형태의 극장, 무용 공연은 사회주의 국가들의 붕괴 이후에 보기 드물어 졌다. 정치적 선동을 제쳐 둔다면, 지속해서 바뀌는 거대한 배경 그림과 원대한 스크린, 레이저 조명으로 이루어진 독립 예술 분야로 인정 받을 자격이 있다.

오른쪽 상부에는 김일성체육관(10만 석)과 개선문(김일성의 70번째 생일을 기념하기 위해 1982년 지어짐)이 있다.

아리랑 축전은 결속, 공동 정신, 인민들의 전투 태세 준비를 선동하기 위한 선동 예술 분야의 일종이다. 거리와 교차점들에 줄 선 수많은 선전 포스터들과 함께, 이러한 유형의 예술은 국민의 생활 속에서 국가가 지속해서 총괄할 수 있도록 기여한다. 그런데 안무가, 작가, 예술가들이 익명으로 숨겨져 있는 한, 군중 스펙터클과 포스터 예술을 하는 언어장애 노동자들의 보상은 고작 국가에 의해 주입된 국가적 자존감인 세상관의 유물이고, 그 노동자들은 개미처럼 거대한 피라미드를 짓는 노동일 뿐이다.

이러한 피라미드 중 하나는 삼각형 모양이 하늘로 치솟는 류경호텔인데, 원래 수도에 250개 이

상의 주요 시공 프로젝트들과 함께 1989년 완공 예정이었다. 북한의 전형적인 대응 방식으로, 백두산 건축아카데미는, 제13회 세계청년축전을 위한 준비로 평양의 재개발에 사용된 45억 US 달러가 단순히 충분하지 않았는지 혹은 330m의 대 건축물이 구조적 결함을 가지고 있었는지에 대해 침묵을 지키고 있다. 기술적으로 보자면, 105층의 건물을 콘크리트로 시공한다는 것은 현명한 처사가 아니었을지도 모른다. 철골을 사용했다면 구조적인 문제를 해결했을지 몰라도, 아마 세 배 이상의 비용이 들었을 것이다.

1992년 마케도니아 스코페의 지진 공학 협회 (Institute of Earthquake Engineering and En-

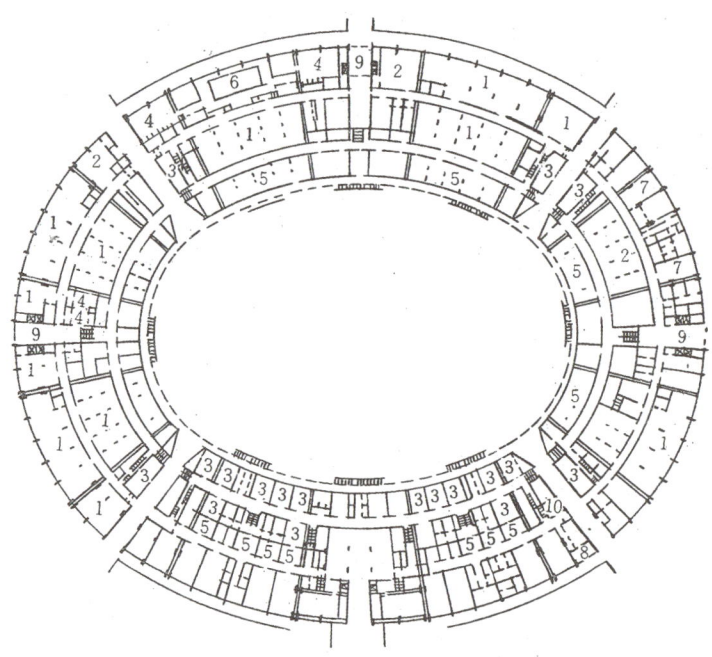

노동절체육관 전경. 노동절체육관은 15만 석으로 세계에서 가장 큰 지붕이 덮인 체육관 구조물이다.

노동절체육관의 지면층 평면.

건축적 호기심의 방

고리 모양의 도로가 입구 층에서 체육관으로의 접근을 유도한다. 특별관람석의 지붕을 받치는 구조는 외부 구역을 위한 보호막이 된다.

남동쪽에서 바라본 류경호텔의 버려진 건설 현장 (2005).

gineering Seismology (IZIIS))에서 실시한 건물의 지진 저항 평가는 공사를 계속할 수 없게 했다. 류경호텔은 바벨탑을 연상시키며 최후의 경이로운 존재처럼 도시 위로 어렴풋이 나타난다. 건설이 중단된 이유를 알아보던 사람들은 미국의 북한에 대한 제재로 더 이상의 건설을 못하도록 했다는 무뚝뚝한 답변에 교묘하게 속는다. 진짜 이유는 아마도 재정적 어려움 때문이었을 것이다. 철의 장막이 무너진 이후, 북한은 다른 사회주의 국가로부터 갑작스럽게 형제로서의 원조가 끊겨 가장 어려워진 나라였다.

2005년 여름, 이탈리아 건축 잡지 도무스(DOMUS)는 류경호텔의 완공을 위한 국제현상공모를 광고했고, 세계 곳곳의 건축가들을 초청하여, 미완의 초고층 건물을 "아이디어를 위한 안테나"로 변형시켰다. 고립된 지난날에 대한 정보를 더 얻을 수 있게 하고, 거기에 사는 사람들의 대화를 이끌어내려는 의도가 있었다. 이 아이디어가 평양의 건축가들을 난처하게 하고, 불승인 답변을 받은 것은 놀랍지도 않다. 유럽에서도 북한의 상황에 대한 비평적인 기사 맥락의 광고였던 도무스(DOMUS)의 현상설계 공고는 가열된 논쟁을 점화시켰다. 건축가들은 외국의 미디어가 북한의 국가 선전을 비평 없이 발간하고 사진이나 인용구문들을 허용하는 것에 있어서 어느 선까지 정당화될 수 있는가에 대해 논쟁하였다.

같은 비평이 2010년 빈 응용 미술관(Vienna Museum of Applied Art, MAK)의 큐레이터에게도 쏟아졌다. 백두산 건축아카데미의 아카이브에서 온 국영예술 스튜디오에서 제작된 김일성을 위해 전시된 꽃들의 유화와 사진들이 아무런 설명 없이 전시되었을 때다. 오늘날 북한에서 어떠한 형태의 비판 활동이 상상할 수 없는 것처럼, 유럽에서는 비판이 없는 것 역시 마찬가지로 생각할 수 없다.

그럼에도 류경호텔의 시공은 2009년에 재개되었다. 우연히, 피라미드의 땅에서 돈이 솟아 나왔

류경호텔의 8미터 하중 모형, 스케일: 1:40 (1992).

는지도 모른다. 이집트의 통신·건설 업체인 오라스콤 그룹이 건설을 책임지고 있다. 독재가 종결되고 아카이브에 접근이 가능해질 때까지, 6,000개의 침대가 있는 호텔에 투자된 수백만 달러와 북한 최초 3G 이동 전화 네트워크 라이선스 획득 사이의 관계를 파악하는 것은 불가능할 것이다. 그러나 확실한 것은 20만 가입자를 위한 이동 전화 서비스를 운영하는 것이, 평양을 동아시아의 라스베이거스로 변형시키거나 부유한 관광객들이 비자 없이 북한에 출입국 할 수 있게 하지 않으면 절대로 예약이 꽉 차지 않을 호텔을 운영하는 것보다 더 유리하다는 것이다.

평양지하철의 확장 계획 승인 역시 그 역사적인 날이 올 때까지 이루어지지 않을 것이다. 현재 대동강 동쪽으로 두 개의 지하철이 있다. 남쪽의 부흥역에서 시 중심부 북쪽의 붉은별역까지 8 정거장이 있는 붉은 천리마선과, 서쪽의 광복역에서 동쪽의 낙원역으로 이어지는 8개의 정거장이 더 있는 녹색의 혁신선이 그것들이다. 일본 그래픽 디자이너 모토히코 사카자키가 2007년 새롭게 계획된 지하철 지도를 만들었다.

북쪽에서 바라본 류경호텔의 버려진 건설 현장 (2007).

118
119

건축적 호기심의 방

이집트 통신 및 건설 업체인 오라스콤그룹이 착수한 이후 류경호텔의 완성된 입면과 건설 현장 (2010).

영광역 (1987년 개장): 신문 가판대는 대중들이 읽을 수 있는 국가의 선전을 보여준다.

부흥역(1987년 개장): 깃발을 흔들고, 트랙터를 운전하며, 군중들의 또 다른 교통수단인 자전거를 타는 농부.

그의 연구는 17개 정거장이 있는 지하철 네트워크가 확장되어 현재보다 두 배로 많아진 지하철역을 보여준다. 추가적으로 환승역들이 지어지고, 지하철 서비스는 강 반대편의 도시 지역으로 확대 편성될 것이다.

베를린에서 온 방문객들은 평양의 지하철이 매우 낯익다는 것을 발견하게 될 것이다. 1998년, 베를린 교통국(Berlin Transport Authority (BVG))이 D 범위의 108대 더블 모터 코치와 GI 범위의 60대를 처분하여, 비스마르항에서 북한으로 수송하였다. 이 객차들은 이제 평양 지하철역을 다니는데, 120m 깊이에까지 이른다. 지하철의 통로에 다른 과거의 동유럽권 도시들처럼 파동이나 방사선으로부터 내부를 보호하는 차단문이 있다는 것은 비밀도 아니다. 또한 평양은 지하철을 핵 벙커로 사용하기 위한 용도로도 디자인했다.

그런데 오늘날 대중들에게 알려지지 않은 것은 도시 아래에 수많은 비밀 정거장들과 심지어 그것들이 완공되었다는 소문이다. 서른 개가 넘는 정거장을 포함하여, 앞으로의 새로운 확충은 적어도 계획된 네트워크의 일부가 존재하며, 비밀 정거장으로 사용되고 있거나, 당 간부들이나 지도층 엘리트들의 탈출 터널로 사용되고 있다는 것을 보여준다.

외국인들도 접근할 수 있는 두 개의 역은 부흥역과 영광역으로 천리마선에 있다. 두 역 모두 화려하게 대리석으로 디자인되었다. 예술적으로 장식된 모자이크 벽과 화려한 샹들리에가 천장에 있으며, 레닌그라드에서 모스크바나 타슈켄트에 이르는 사회주의 기차역의 교과서적인 실행을 보여준다.

낙원역 뒤로는, 수령 궁전 중 하나로 연결되는 철로가 숨겨져 있다는 소문도 있다.

영광역

079

건축적 호기심의 방

부흥역의 지하철: 대리석으로 치장된 벽은 산업, 건설, 농업 노동의 주제를 보여주는 모자이크로 장식되어 있다.

평양 지하철

천리마선
1973년 개통/1987년 증축 · 총 길이: 14km

· 부흥 · 영광 · 봉화 · 승리 · 통일 · 개선 · 전우 · 붉은별

혁신선
1975년 개통/ 1978년 전체 개통 · 길이: 10km/깊이: 100m

· 광복 · 건국 · 황금벌 · 건설 · 혁신 · 전승 · 삼흥 · 광명 · 낙원

— 천리마선
— 혁신선
— 계획 중인 노선
— 주요 철로
□ 환승역

© Motohiko Sakazaki (2007)

부흥역의 모자이크 벽: 노동자의 선봉에 선 김일성의 행진.

124
125

079

건축적 호기심의 방

11시 55분 부흥역 입구.

아리랑 축전

아리랑 축전

아리랑축전

아리랑 축전

아리랑 축전

아리랑 축전

144
145

아리랑 축전

아리랑 축전

아리랑 축전

아리랑 축전

백두산 건축 아카데미 벽화 앞 진열장의 김정일화. (2007)

평양에서 배우기
읽기 쉬운 공간 생산에 대하여

크리스천 포스토펜 Christian Posthofen

공간적 집중 —현상의 연대기적 관점에서 공간적 관점으로의 전환— 이후로, 건축적 상황을 기술하기 위한 네트워크 관점이, 세계 모든 곳의 건축 이론 속에서 천천히 확립되고 있는 방법론의 고정 요소로 자리 잡아 가고 있다. 이러한 맥락에서 이중적 관계의 양 측면을 모두 아우르는 행위자의 개념을 정의한 것은 브루노 라투르였다. 인간과 건축 혹은 주체와 객체가 그러한 개념적 쌍을 형성하는 실천은, 건축에서 정치적 도구화의 기초를 실천하는 것과 같은 것이다.

이러한 실천이 북한처럼 엄격하고 공공연하게 활용된 곳은 세계 어디에도 없다. 국가의 지도자인 김정일 그 자신이 이를 매우 자세하고 세심하게, 그의 논저 '건축 예술론' 에서 정리하고 있다. (189페이지참조) 나는 북한에서 분명히 관찰되는 그러한 극한적 상황이 건축 전체에 적용될 수 있다고 주장한다. 그것은 건축이 한편으로는, 건축에 부여된 의미와 건축을 경험하는 이의 욕망을 한데 묶고, 또 한편으로는 건축의 실제 경험을 그런 것처럼 묶기 때문이다.

김일성화

우선 간략하게 우리의 다음 고찰에 중요한, '결핍의 존재' 라 불리는 현상을 다루고 싶다.

북한에서 어떤 상징들 —구체적으로는 상징을 띤 꽃들— 은 건축적 상황의 관찰자들이 이러한 특별한 존재 형태를 경험하고, 지도자 김일성과 김정일의 존재를 경험하도록 유발한다.

통치자들의 신격화, 권력의 자연 일반 상태로의 상승은 난초에 의해 상징화된다. 김일성화는 김일성을 상징하고, 김일성 자신을 뜻하며, 이는 김정일을 표방하는 베고니아종 김정일화처럼 건물

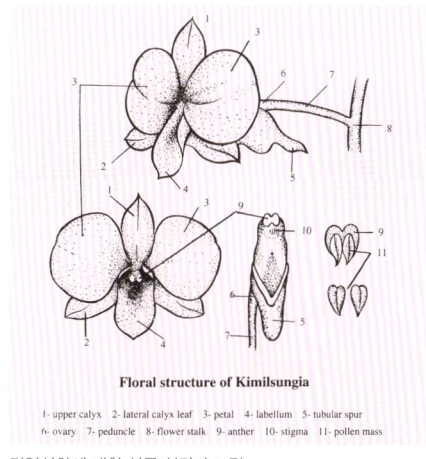

김일성화에 대한 식물 설명과 그림.

주요 저녁 행사 동안의 조명과 꽃 설치물.

두 병사가 군복을 입고 김일성 생가의 김일성 초상화 앞에서 사진을 위해 포즈를 취하고 있다.

의 입면 도처에 나타나는 광경이다. 이러한 상징적 철자의 흰 꽃은 민중을 뜻한다. 이러한 건물의 장식들은 그 편재성이 아시아라는 맥락에서만 이해될 수 있는 것인데, 도시 디자인 부서의 선전 공무원이 세심하게 조정한 권력의 상징이다. 이러한 장식의 인식은 관찰자를 지도자와 그들의 통수권에 연결한다. 또한 두 꽃 모두 또한 도시의 중요한 도로와 광장에 진열된 포스터들에 나타난다. 따라서 두 지도자의 존재는 추상적인 방식, 그리고 매우 구체적인 방식 모두에서 보편적이며 적어도 인식에 관해서는 추상화되었기 때문에 그들은 통제할 수 없는 무형의 것이 된다. 권력의 성상화에서 '영원한 수령'을 상징하는 난초는 1999년 김정일이 쓴 글에 설명된다.

> 김일성화는 우리 국가의 보물이다. 그것은 우리 민중이 수령의 이름을 새기고 있는 빛이 바래지 않는 꽃을 가지고 있다는 위대한 자존과 명성의 원천이다. 우리는 김일성화를 매우 조심스럽게 다뤄야 하며, 대대손손 물려주어 우리나라 어디서나 활짝 필 수 있도록 해야 한다.[1]

1965년 김일성이 인도네시아에 방문하는 동안 난 원예업자가 '김일성화'라 이름 지어진 꽃을 김일성에게 선물로 선사하였다. 1970년대 이후로, 매우 어려운 품종 개량을 대규모로 해냈으며, 김일성화 숭배의 극치로 매년 4월에 열리는 김일성화 축제를 기념할 뿐만 아니라 이 식물이 북한 도처로 보급될 수 있도록 하였다. 일종의 기록 전시에서, 김일성 생가 모형이 출생 신화로 시스템의 영향에 중요한 인자로 사용된다. 풍부하고 다양한 수많은 난초들 사이에 나열되는데 이는 베들레헴 마구간과 예수의 출생 장면을 보여주는 것과 유사한 모습이다. 김정일은 아버지를 우상화한 꽃의 이미지를 더욱 확대한다.

김일성화의 품종 개량과 보급은 몇몇 전문가에게만 맡겨져서는 안 된다. 그것은 나라 전체와 모든 민중의 소일로 바꾸어, 당 회원, 군 대원, 일반 시민 모두가 능동적인 역할을 담당할 수 있어야 한다. 이 작업은 단순히 희귀종의 꽃이 길러지고 배포되는 과정이 아니라, 당과 지도자에 대한 충성이 개발되고, 훌륭하게 표현되는 일련의

북한의 국가 사상에서, 김일성의 출생지는 베들레헴이나 메카와 같이 받들어진다.

활동이다. 김일성화를 사용하여 교육을 향상시키는 것은 민중이 수령의 위대함을 알게 하는 데에 있어 매우 중요하다. 김일성화를 이용한 교육은 활발한 방식으로 수행되어, 수령의 위대함에 집중되어야 하고, 심오한 이야기들 -지지 않는 꽃에 반영된 이야기들- 에 초점을 맞춰, 당 회원, 군 대원, 전체 민중이 김일성 국가의 존엄과 자존을 소중히 여기고, 그들의 수령에 대한 열망적인 헌신을 깊이 가슴 속에 간직할 수 있도록 할 수 있다. 김일성화 축제는 매년 태양절에 열리며, 이는 전 세계에 우리 민중이 수령님을 기리고, 그의 지속적인 업적을 찬미하는 우리 민중의 확신과 의지를 나타내는 정치적인 축제다. 우리는 김일성화 축제를 더욱 더 엄숙하고 의미 있는 행사로 조직하여, 태양절을 나라의 가장 위대한 국가 기념일로 만들어야 한다.

인민의 군대는 현재 김일성화를 경작하고, 김일성화 축제에 참여하는 분야를 이끌고 있다. 군대는 김일성화 온실을 지속해서 개선하고, 태양의 꽃을 기르며, 모든 성실로 김일성화 축제에 참가한다.

이것만으로도 지도자에 대한 확고한 확신이 인민의 군대에 스며들었음을 나타낸다. 일반적으로 사회는 능동적으로 군대의 모범을 모방하려고 노력한다. 그 책임과 기능에 따라, 김일성화의 관리를 위한 지도 수뇌부는 과학적 연구, 기술적 지도, 김일성화의 특이성, 배포, 배양과 관련한 기술 인력의 훈련을 책임 있는 방식으로 강화해야하는 의무를 지니며, 김일성화 축제는 매년 새로운 방식으로 조직되어야 할 의무가 있다. 동시에, 우리는 김일성화의 전시와 선전을 개선해야 하며, 해외로 유포시켜야 한다. 나는 우리의 노동자들이 김일성화를 올바르게 키우고 유포시킬 것이라 확신하며, 지속해서 이 꽃을 우리의 민중의 교육에 이용하는 방식을 개선시킬 것이라 확신한다.[2]

'건축'이라는 용어는 개별적 건물을 지칭하는 것이 아니라 항상 맥락 속에서의 상황을 뜻한다. 따라서, '건축'은 도시 전체를 지칭한다. 도시 안의 건물, 시민의 특정 그룹만이 접근할 수 있는 건물은 비-공공 공간으로, 공공 공간에 관계하여 위치한다. 접근권이 있는 특권 계급은 접근권이 없는 인민들과 관계하여 위치한다. 북한 수도

길가의 꽃다발: 벚꽃 속의 김일성화와 김정일화.

김일성화는 아파트를 장식한다.

김일성화는 사상, 산업, 문화, 이 세 가지 혁명을 상징한다.

아버지와 아들을 보여주는 특별 우표는 김일성이 사망한 1994년에 발행되었다. '태양'이 지고 난 뒤, 그 아들이 나라의 권력을 물려받았다.

꽃, 주체사상탑, 슬로건으로 이루어진 탄생 장면: 다른 모든 곳처럼 백두산 건축계획아카데미에서도 국가 선전은 곳곳에 있다.

남포 근처 서해안 둑의 주차장에 설치된 모자이크 벽.

에 적용되는 접근 제한 때문에, 평양 전체 도시가 나머지 북한에 대한 관계도 마찬가지다. 정치적 지도에 속하는 모든 공간적 상황과 건물들은 접근할 수 없으며, 심지어 평양 기차역도 접근 통제를 받으며, 여행 허가가 있어야 한다.

건축과 공간 계획은 지어진 객체를 사람들 사이의 관계를 통제하는 데에 사용한다. 도시들은 계획적인 도시 조정을 수행하고 또 수행하지 않음으로써 질서를 부과한다. 이러한 조정과 비조정은 권력의 효과로, 공간적 상황의 사상적 분파를 나타내는 권력의 이해관계를 드러낸다. 소련 대백과는 사상을 다음과 같이 정의한다. "그 틀 안에서 사람들이 현실과 서로에 대한 관계, 사회적 문제와 충돌을 인식하고 평가하는 관점과 사상의 시스템; 그 시스템은 또한 주어진 사회관계를 강화하거나 변경하기 위한 사회 활동의 목표를 구성한다. 계급 사회에서, 사상은 항상 주어진 계급과 이해관계의 위치를 반영하는 계급 성격을 가진다".

루트리지 철학 대백과도 유사한 정의를 내린다. "사상은 사고, 믿음, 태도의 의식적이거나 비의식

적인 집합으로, 사회적 세계와 정치적 세계의 이해나 오해를 반영하거나 형성한다. 그것은 정치적인 실행과 기관을 보존하거나 바꾸기 위한 집단 행위를 추천, 정당화, 보증한다. 사상의 개념은 두 가지 주요 개념으로 나뉜다. 두 번째는 인간이 일반적으로 사회 및 정치적 현실을 시스템적인 틀 안에서 인식하고 이해하고 평가하는 데 이용하는 문화적 상징과 사고의 서로 다른 집합

허가증을 준비하시오: 평양역의 도착 홀.

아리랑축전 동안, 24명의 여성으로 이루어진 그룹들이 김일성화를 나타내는 진열로 모인다. 가운데의 여성수가 암술이다.

들에 대한 비-경멸적인 주장이다. 이러한 집합들은 중요한 대치와 기능의 통합을 수행한다".

앞에서 건축은 건축적 객체와 건축을 경험하는 이들의 욕망을 한데 묶을 수 없게 하는 사상적 기능을 거의 불가피하게 가지고 있다고 주장했다. 궁극적으로는 모든 현실 생활의 경험이 이러한 양분법 속에 갇혀 있다는 것을 의미한다. 건축의 경우, 충돌 가능성이 평가 절하되지 않아야 하는 추가적인 요소가 있는데, 이는 건축가나 클라이언트의 세계관이 감겨 있는 객관적인 상황을 생산하기 위한 능동적 의도다. 그 관계의 다른 측면에서는, 사람들에 대한 이러한 상황의 영향이 크고, 객체들인 사람들이 경험하는 현실의 상당 부분을 구성하고 따라서, 사람들 생활의 상당 부분 역시 구성하기 때문이다.

건축이 문화 및 사회적 조건의 표현이라는 것은 자명한 이치일지도 모른다. 그러나 건축 계획과 건설에 대한 사상 및 세계관의 기본적 영향은 아직 연구되기는커녕, 인정되지도 않았다. 언젠가는, 사상이 계획으로 들어와야 할지, 우리가 사상에 개입되어야 할지 어떻게 도입되어야 할지 결정할 수 있도록 하는 검증 가능한 인자를 구분할 수 있을지도 모른다. 이는 대안 연구의 가능성을 열 것이다. 두말할 필요도 없이 압도적인 대부분의 디자인에서 사상적 측면이 그 속에 담긴 임무를 무시할 수 있을 정도일 것이다. 그러나 그것이 어떠한 그러한 사상적 측면도 존재하지 않는다는 것을 의미하는 것은 아니다.

이러한 숙고는 메타이론, 인식론, 철학에서 기원한다. 따라서 단순히 어떤 이의 차고가 명백하게 비-정치적이라고 말하는 것은 받아들여질 수 없다. 이것은 질문조차도 되지 않는다. 문제가 되는 것은 가능성, 현실에 접근하기 위한 모델로 사용할 수 있는 사고의 대립 가능성이다. 이 정도에서만 차고가 정말 비정치적인지 아닌지 결정하는 것이 가능하다. 왜냐하면 그 질문은 모델이 메타이론 안에서 인식되고 나서야 나올 수 있기 때문이다. 다른 방식으로 본다면, 현실이 어떠한 심리적 스트레스를 가하기 시작할 때까지 이러한 생각은 하지 않을 것이다.

집단 참배: 북한 주민들이 김일성의 거대한 동상을 바라본다. 꽃을 내려놓은 다음, 그들은 의무적인 경례를 동시에 한다.

종합예술로써의 평양

평양과 같은 도시의 특별한 중요성을 구분하기 위해 도시에 대해 곰곰이 생각하면서 시작해보자.

도시들이 매력적인 이유는 쇼핑 시설, 문화 활동(영화, 오페라, 콘서트), 스포츠, 이벤트와 같은 다양한 현상에서 기술될 수 있다. 그러나 이러한 것들은 더이상 개별적이고 무작위적인 사례들이 아니다. 사례와 같은 모든 개별 사례들이 중요한 해설로 열거된다 하더라도 그 결과는 왜 그렇게 많은 사람이 도시를 매력적으로 생각하는가를 설명하지 못할 것이다. 그 이유는 개인-도시 거주자-가 일반적인 것, 다시 말해서 도시와 혹은 도시적인 것과 관계를 맺는 특수한 도시적 상황과 관계있는 무언가여야 한다. 우선, 개인은 도시 환경의 멤버가 됨으로써 이미 도시의 거주자며, 일반적인 실체, 도시 공간의 부분이다. 따라서 빈에 거주하는 사람은 단순히 사람으로 빈에 있는 것이 아니라, 빈사람으로 있는 것이다. 빈의 개인 거주자의 성격에 상관없이, 도시의 전형적인 어떠한 일반적인 것, 유명한 빈의 위트와 같은 것들이 단순히 빈사람이 됨으로써 개인화되는 것이다.

이러한 일반성의 특징은 역사적으로 증명된다. 고대 로마 사회에서 파푸러스 로마누스(로마 시민)의 회원이 됨으로써 다른 말로 하자면, 로마 시민권을 획득함으로써 근대의 인권이라 불리는

088

것에 유사한 권리를 획득할 수 있었다. 시민권이 없으면, 그 사람은 노예, 유랑자였고, 국가법으로부터 모든 보호를 받을 수 없었다. 따라서 평양의 성상 프로그램이 현대 아시아 대도시보다도 어거스투스 황제 치하의 도시에 더 가깝다는 것은 놀랍지도 않다. 개별성과 일반성의 중간에 인용될 수 있는 많은 사례 중 하나로, 종교적 공동체의 회원제를 들 수 있는데, 개인은 세례나 가입 의식을 통해 일반체의 회원이 되고 이러한 의식이 치러질 때까지 공동체 구원의 약속을 함께 하지는 않는다.

개인과 일반적인 상황, 현대로 치자면 도시적 상황의 이러한 관계는, 욕망의 경제에 의해 작동

한다. 혹은 다른 말로 하자면, 특정 이익 배경에 대한 욕망의 표현으로의 감정을 기능화 함으로써 작동하는 것이다. 도시 상황은 이익들이 매우 근소하게 일치하는 환경이기 때문에, 도시적 상황들은 당연히 비교적 매우 열정적이고, 따라서 보안을 향한 욕망에 대한 특히 매력적인 집중과 관여를 표방한다. 개인들은 항상 환경에 대한 그들의 개입 속에서 그들 자신을 경험한다. 다른 말로 하자면, 개인들이 그들의 환경에서 경험하는 특수성을 그들 자신의 개별적 사고와 방향 설정에 개입함으로써 그들 자신을 경험하게 되는 것이다. 인식론적 개념에서, 특수성은 건물과 같은 경험의 주체로, 개인의 판단 전달에서 일어나는 것이며, 판단을 통해 의미 있는 질서를 부과하는

휑한 교차점의 교통순경.

행위와 인식을 통해 식별되는 것으로의 연결을 통해 일어나는 것이다. 밀도가 높은 도시 상황에서, 가지각색의 개인과 집단의 질서는 서로 충돌한다. 이상적인 조건에서, 이러한 충돌은 서로 다른 마음 사이의 생산적인 언쟁을 야기하는데, 이는 가능한 행위의 인식 범위에 영향을 미칠 것이다. 이러한 것이 도시 공간을 그렇게 매력적이게 만드는 것으로, 한편으로는 개인의 일반적인 것으로의 흡수고, 다른 마음과의 관여를 통해 가능성을 열어두는 것이다.

평양이 불가능하게 하는 것이 이 두 번째 측면이다. 구체적인 경험으로 제공되는 가능성의 상상 공간이 북한 시스템의 디자이너들에 의해 시스템의 경험으로만 억제되어, 이 닫힌 시스템은 완전히 안정적이게 된다. 평양 방문객들은 지속적으로 무언가 없다는 것을 감지하는데, 그 없는 요소가 무엇인지 정확히 꼬집어 낼 수 없는 데도 그렇다. 일종의 강요된 정치적 순종이 도시 공간 자체에도 부과되었다.

도시의 디자이너들이, 개인의 일반적인 것으로의 흡수라는 첫 번째 측면을 이용하였기 때문인데, 이는 도시의 잠재력을 사실상 닫아버리고, 동시에 그것의 시스템을 받치기 위한 도구로 이용하였다. 거리와 광장에 있는 교각의 난간부터 전체적 도시의 개발에 이르기까지, 평양의 모든 것은 그러한 편재한 사상적 의무가 주입되어, 원칙이 노골적으로 명확해진다. 유럽에서 온 외부인의 시선에서는, 도시 안에서 조작되는 프로세스는 신념을 허용하지 않는데, 이는 정말 조작적인 사실이 신념을 허용하지 않는 것과 같은 이치다. 그러나 우리가 근원적인 원칙을 찾아낼 수 있게 하는 것은 엄밀하게는, 오직 평양에서만 관찰될 수 있는 현상이다.

롤랑 바르트와 크라우스 하인리히가 집필한 두 개인 짧은 글이 이러한 문제를 설명하는 데 도움이 될 것이다. 그리고 미셸 푸코의 강연 역시 이러한 현상을 연관시키는 데 살짝 도움이 될 것이다. 바르트에 따르면, 신화는 메시지고, 정보 시스템이다. 그것의 개념, 객체, 사고는 신화가 아니다. 오히려, 신화는 의미를 주는 방법이다. 담화가 설명하는 모든 것이 신화가 될 수 있다. 신화는 메시지의 객체로 정의되는 것이 아니라, 오

텅 빈 거리와 흰 배경: 단기간 체류하는 방문객들은 평양이 거대한 '유령 도시'라는 인상을 지우기 어렵다.

히려, 객체가 객체를 표현하는 방식에 의해 정의된다. 따라서 영원한 신화는 없으며, 모든 신화가 역사적이다. 우리에게 건축과 같은 사례의 객체는 단순히 신화의 메시지를 전달하는 수단이다. 어떠한 물질도 임의로 의미가 주입될 수 있다. 신화의 모든 물질이 의미를 할당하는 의식의 존재를 가정하기 때문에, 물질에 대해 그 물질과 독립적으로 생각하는 것이 가능하다. 이러한 정의를 바탕으로, 바르트는 그가 기표, 기의, 기호 사이를 구분한 기호학적 시스템을 기술한다.

그의 사례는 다음과 같다:

장미 꽃다발 = 기표
열정 = 기의
둘 다 = 기호³

북한:
김일성화 = 기표
영원한 수령 = 기의
김일성화 장식 = 기호

이러한 주제는 비록 사상 연구의 목적을 위해서는 흥미롭지만, 이러한 단순한 관계가 신화적으로 혹은 사상적으로 이용될 때 복잡해진다. 이 시점에서, 그 관계는 더이상 기호학적 사슬에서의 기표와 기의의 두 가지 요소로 아무런 노력 없이 단순화될 수 없다. 오히려, 세 번째 요소인 기호 자체가 기표를 담당하게 된다.

결과적으로, 이러한 사슬 속의 (허위) 기표는 다시 임무가 지워지고, 그 사슬이 더욱 복잡해질수록, 원래의 기의에 도달하는 것은 점점 더 어려워진다. 다시 말해, 두 가지 원 요소 – 기표와 기의 – 가 더이상 인식되지 않는다. 대신, 세 번째 요소인 기호 자체가 새로운 기의를 위한 기표가 되어, 표상적인 혹은 객관적인 사실로 인식된다.

종교철학자인 하인리히에게 '신화'라는 단어의 가장 명확한 중요성은 '신에 관한 이야기'라는 것이다. 신화학자들은 신, 악마, 영웅, 지하계의 생물들을 이야기한다. 하인리히는 신화는 신화가 설명하는 이야기로만 구성된 것이 아니라, 바르트가 가정한 의식에 근거하며, 신화는 특별한 심리 상태를 기술하는데 그것은 모든 이야기가 담고 있는 종교적인 절대적 관심이다. 이러한 관심의 이유는 신화에 잠재한 근원에 대한 참조다

조화를 들고 있는 두 어린 소녀들. 분홍색과 빨간색은 김일성화와 김정일화의 품종을 상징한다.

(애초에, 개별성과 일반성에 대해 그 의미를 이야기하는 것은 불가능하다).

신화에서, 해설자와 독자 모두 기원의 원시적 인물, 원시적 장소, 원시적 사건들 속의 절대적 힘에 참여한다. 그러나 공간적으로, 시간상으로, 존재론적으로 근원으로부터 동떨어진 것이 그럼에도 근원에 참여할 수 있는가?

하인리히의 답은 계통을 통해서다. 신화에서 계통의 기능은 신성한 근원의 권력을 그 근원으로부터 파생된 것에 전해주는 것이다. 세속적인 현실은 단지 '신성화' 될 수 있고, 그것이 비현실에서 파생된 것이라면, 영속하는 것으로 보호되고 인식된다. 신화에서 해설되고, 신화의 초상으로 예찬되는 것은 이러한 비현실성이다.

인류학적인 관점에서, 기원으로부터의 분리는 항상 심오한 두려움의 원인이다. 장소, 집합 등으로부터의 분리는 일반적인 것으로부터의 분리라는 점에서 무서운 것이다. "기원에 대한 계통적 의지는 혼자 이외에는 어떠한 정체성도 없다는, 삶을 파괴하는 위협에 대한 답이다. 신화에서 계통성은 자신과 세계를 신성한 근원적 존재로부터 파생시킴으로써 위협의 두려움을 제거한다."4

이는 온갖 종류의 토테미즘, 물신 숭배, 신비주의를 낳고, 또한 세속적 행위와 구체화를 이끈다. 이러한 행위들은 신화나 사상의 비평에서만 설명될 수 있고, 결론에 더 가깝게 도달할 수 있게 해준다. 하인리히의 주장은 "신화 속 계통의 기능은 기원과 그 기원에서 나온 모든 것 사이에 있는 틈을 이어주는 것이다. 그것은 신성한 기원의 권력을 그 기원에서 나온 것이라 가정하고, 이제 공간적으로, 시간상으로, 존재론적으로 동떨어진 것에 이양하는 것이다".

우리의 목적을 위해서는, 이러한 주장의 방법론적 전도를 고려해보는 것이 흥미롭다. 이는 다음과 같이 정리될 수 있다: 위에서 언급한 계통의 기능을 접할 때마다, 그는 기원의 신화를 접하는 것이다. (우리는 푸코에 관해 이야기하면서 이 문제를 다시 다룰 것이다.) 계통이 종교에서 속세에서 종교의 변형에서 모두 이러한 목적을 담당할 때, 하인리히가 특수 정신이라고 기술한 것 기원의 신화에 고정된 것을 마주치게 된다.

내 의견으로는 우리는 모두 단순히 태어났기 때문에 이러한 정신세계 속에서 사는 것이다. 출생이라는 것은 우리의 모체로부터 분리되고, 자연

뒤뜰의 리허설: 4월 15일 김일성 생일을 기념하기 위한 군중 공연 연습.

학교 주최의 의무 견학: 군복 차림의 어린이들이 만경대 지구의 새로 지어진 김일성 생가를 방문한다.

에서 일반적인 것으로 분리되고, 그 근원에서 분리되는 것이다. 우리는 자라면서 점점 개체화된다. 문제는 이것이다: 어떻게 인간이 개인으로서, 그가 속하고, 그 자신을 그 속에서 경험하는 방법으로 일반적인 것에 관계할 수 있는가? 이러한 의미에서, 하인리히의 기원 신화에 관한 주장은 개별적 종교 단체뿐만 아니라, 인간의 기본 원칙에 적용되는 것이다.

미셸 푸코의 희망의 광선

미셸 푸코는 비평을 엄격하고 인과관계를 따지는 행위가 아니라, 일종의 생각하고, 말하고, 행동하는 방식, 존재하는 것, 사람들이 아는 것, 사람들이 하는 것에 대한 일종의 관계, 사회, 문화, 다른 사람들에 대한 관계와 같은 일종의 태도, '비평적 태도'[5] 라고 기술한다. 역사적으로, 이러한 '비평적 태도' 는 주해로부터 나오는 것으로, 예를 들어 루터와 같이 교회조직을 비평하는데 사용된 성경의 해석에서 유래한다. 복종과 사람의 의식을 인도하기 위한 도구 사이의 복잡한 관계는 교회가 신도들의 통제를 개인적인 세부 사항까지 할 수 있게 만들었다.

결과적으로, 비평적 태도에 대한 푸코의 모토는 '심리 속의 객체와, 그러한 과정의 방식들과 함께, 원칙의 이름으로, 그렇게 지배되지 않는 방법'이다. 비평의 가능한 정의로, 그는 '비평은 그렇게 지배되지 않는 책략'이라고 말한다. 푸코의 관점에서 이는 다음 질문에 대한 답을 필요로 하는데, "나는 인간에 속하고, 일반적인 현실의 권력에 종속되고, 특정 현실에 종속된 인간이라고 가정했을 때, 따라서 나는 무엇인가?"다. 푸코에게, 이는 '현실이 사람들에게 영향을 주고, 그 현실로부터 사람들이 파생되는 권력의 효과를 고찰해 봄으로써 역사적 진의를 해방시키는 것'을 의미한다. 이러한 관점에서, '사실화' 는 다음을 의미한다. 첫째, "완전히 경험적이고 일시적인 방식으로, 강제의 작동기제와 지식의 진의 관계가 구분될 수 있는 일련의 요소들을 택한다" 이것들은 '그것들이 생성해내는 권력의 효과를 위해' 고찰된다. "우리가 찾고자 하는 것은 강제의 작동기제와 지식 요소 사이에 나타날 수 있는 관계가 무엇이냐는 것이다.", "지식-권력의 관계가 기술되어 우리는 시스템의 타당성을 구성하는 것, 그것을 형벌 시스템으로 만드는 것, 성적인 것으로 만드는 것 등을 이해할 수 있게 된다."

북한에서 가장 잘 보존된 기념물: 김일성 생가는 공식적으로 100년 이상 된 것이라 주장하고 있다.

'젊은 공병 행사'에 참가하는 잘 차려 입은 장군들과 장교들.

이 방법에서 두 번째 단계로, 푸코는 '역사-철학적 실행'을 드는데, 이러한 권력 조합은 보편적인 것이나 단독적인 것으로 이해되지 않지만, 필요한 상호연결, 중첩, 연쇄적 행동들이 해석되어야 하는 관계의 네트워크에 놓인 '효과'로 이해된다. 따라서 비평적 태도는 항상 '그 안정성과 기초가 사라지지 않는다면, 적어도 그 사라짐이 가능한, 한 가지 방식이나 또 다른 관찰로 볼 수 없는 어떤 것'에 연관되어야 한다. 실제로 그것이 무엇인가 보다는 그것들이 달라질 수 있는 것들을 상상할 수 있어야 한다.

심지어 고대에서도, 도시는 그 특수 환경과 분위기를 통해 도시 공간으로 정의되었다. 후일에, 도시성은 또한 화술, 교육, 위트, 재치, 문화적 심미안, 처세술의 관점에서 개인 행동을 지칭하는데 사용되었다 (옥스포드 영어 사전). 도시민(Urbanitas)은 촌놈(Rusticitas)의 반대어로, 교육받은 아테네 시민은 촌스러운 스파르타 시민과 대조된다. 그리고 계몽의 맥락이 심리의 역사와 문명을 통해 도시성과 얽혀, 푸코의 비평적 태도, 즉, '그렇게 통제되지 않는 처술'이라 일컬은 것으로까지 이어진다.

전반적인 도시의 조합으로, 그리고 개별적 건물, 도시 상황, 광장, 거리 안에서, 평양은 김정일 논문의 지식에 엄격하게 근거하여 읽혀야 한다. 그렇게 읽으면 도시가 매우 명료해진다. 말 그대로, 가장 특이한 것은 도시 전체 모습을 규정하

그 노신사들은 젊은 사람들을 자극하기 위해 그 곳에 있는 것으로, 카메라나 외국인을 위해 포즈를 취하기 위해 있는 것이 아니다.

는 주체사상탑이다. 170m 높이까지 치솟은 탑은 '권력의 우상화'라는 관점에서 서구의 교회의 기능에 비견된다. 그 재료, 사용된 석재의 수, '우정 간판', 밤에 조명이 들어오는 20m 정상에 놓인 횃불은 이 탑을 신성한 건물에 가까운 무언가로 바꾼다. 북한은 주체 책력에 따라 시간을 측정한다. 주체사상탑의 이미지는 모든 여권, 나라의 모든 화폐, 그리고 다양한 주요 미디어에 실린다. 평양의 건축적 상황은 더욱 세속적인 목적을 수행하는데, 주체사상탑의 시선 축과 김일성화를 김정일화와 결부 지어 한 맥락으로 살펴볼 때에서야 그 의미가 명확해진다.

[1] Kim Jong-il: *Kimilsungia*, Pyongyang Studies IV (Nuremberg 2008) p. 12.

[2] ibid, p. 13f.

[3] Roland Barthes: *Mythologies*, (London 1972; ¹Paris 1957).

[4] Klaus Heinrich: *Vernunft und Mythos*, (Frankfurt 1983).

[5] Michel Foucault: "What is Critique?" in *The Politics of Truth*, translated by Lysa Hochroth, edited by Sylvère Lotringer and Lysa Hochroth (New York, 1997). *This essay was originally a lecture given at the French Society of Philosophy on 27 May 1978.*

동평양 도시 전경의 중심인 주체사상탑.

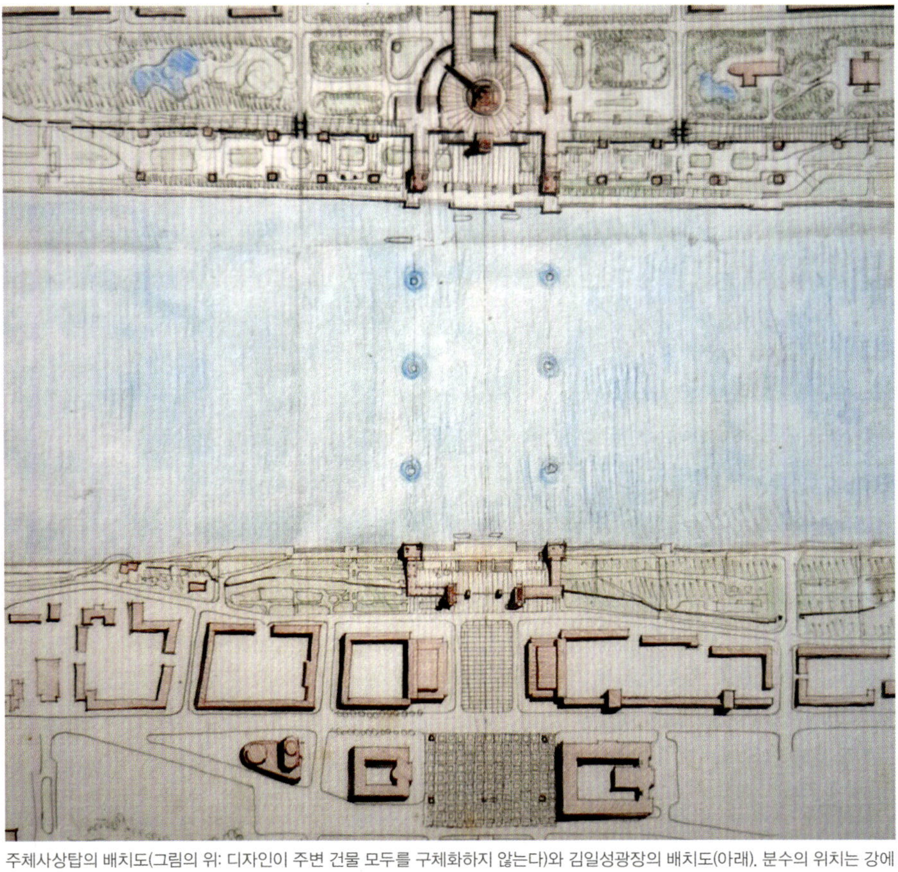

주체사상탑의 배치도(그림의 위: 디자인이 주변 건물 모두를 구체화하지 않는다)와 김일성광장의 배치도(아래). 분수의 위치는 강에 표시된다.

공사중인 주체사상탑 (1981).

건축예술론
김정일 (1991)

크리스천 포스토펜의 요약 및 소개

뉘른베르크 예술아카데미의 건축도시연구 학과장은 2007년 봄, 평양으로 학술 여행을 다녀왔다 그리고, 1991년 출판된 건축 이론에 대한 북한 지도자의 생각을 180쪽의 팸플릿에 요약하였는데, 이는 원문의 5분의 1에 해당하는 분량이다. 노골적인 선전의 반복은 삭제하고, 북한 건축 이론이 일종의 학문 분야로 존재한다는 가정 하에, 사상의 시스템적 기능을 기술하는 구문들은 남겼다. (현재의 출판을 위해, 출판자는 평양의 외국 언어 출판소에서 발간한 논문의 영어 번역본에서 같은 방식으로 삭제했다. 그 영어 번역본은 인터넷에서 무료로 받아볼 수 있다. 세 개의 오자가 수정된 것 이외에, 그 글은 모두 완전히 원래의 글대로 보존되었다.)

김정일의 팸플릿에서 가장 눈에 띄는 특징은 건축의 사상적 차원을 숨김없이 그대로 인정하고, 어떻게 통치 엘리트의 이익을 증진하기 위해 건축을 사용할 수 있는지에 대한 구체적인 지침을 제공한다는 점이다. 북한 건축가들은 시스템의 '사상적이고 실용적인 무기'로써의 서비스를 제공하도록 압력을 받으며, 그들의 임무는 건축을 혁명의 혜택, 북한의 성상적 주체사상, '영원한 수령' 김일성과 친애하는 지도자 김정일의 영광을 동포의 마음에 살릴 수 있는 건축을 만드는 것이다. 역사적 맥락과 계몽적 간결에서, 압축된 김정일의 글은 건축의 일반적 성격을 적절히 강조한다. 모든 문화와 모든 시대에서, 건축은 두 가지를 묶었는데 건축에 속한 의미와 건축을 경험하는 사람들의 욕망을, 다른 한편으로는, 건축의 실제적 경험과 경험자의 욕망을 묶었다. 건축을 볼 때는 항상 생각, 기대, 욕망을 포함하기 때문에, 우리는 건물을 여기는 방식대로 건물을 계획한다.

이는 우리가 현실에서 건물이나 도시의 맥락에서 경험하지 않으면 할 수 없다. 경험의 다른 형태들은 단지 꿈, 환상 혹은 착각으로 남는다. 건물과 현실화된 계획들은 항상 객관적 인식을 부여하는 것들과 인식하는 주체에 의해 투영되는 욕망으로, 건물을 바라보는 이들에 의해 건물로 덧붙여진 사고와 감정이다. 우리가 인식하는 것은 우리가 가져오려고 하는 욕망을 활성화하고, 그 두 가지는 함께 우리의 현실 경험을 구성한다. 북한이 어디에나 있는 사상적 주입을 좀처럼 벗어나지 않기 때문에, 개인 사상과 감정은 강요된 정치적 일관성에 종속되다. 따라서 개인의 욕망은 시스템에 의해 그 방향이 정해지기 때문에, 통치 사상은 건축가(그리고 따라서 궁극적으로 시스템)의 측면에서나, 관찰자의 측면이나 모두 건축에 따른다. 시나리오는 건축을 보는 것뿐만 아니라 건축 그 자체도 포함한다. 그들의 주체적 희망과 욕망은 다른 모든 이들의 것과 마찬가지로 같은 영향에 노출된다. 그러나 그것보다도 건축

평양을 하늘에서 내려다 본 모습, 백두산 건축계획아카데미 로비의 벽화.

가는 능동적으로 지배 사상에 맞춰 (모든 관련 객관적 요구 사항을 동원하여) 그들의 평면을 계획한다. 이러한 두 가지 측면들 - 실제 객관적 요구 조건(비율, 재료, 위치, 효율성 등)과 주관적 반응들(정서적, 사회적, 개인적 사상 효과)-은 김정일에게 성공적이기 위해 폐쇄적 시스템이 있어야 하는 일관성에 연결된다. 그 시스템은 또한 철저히 감시되는 건축과 사상이 서로 얽혀있는 것에 강하게 의존한다. 북한과 같은 폐쇄적인 시스템에서, 건축의 사상적인 차원은 명확하다. 우리가 유럽의 시스템을 완전히 반대로 인지하기 때문에 현대 서구 건축에 내재한 사상을 간과하거나 교회나 정부 건물과 같은 특수한 건물 유형이나 국가 사회주의나 스탈린주의와 같은 역사적 현상에 한정시켜 사상을 보는 것이 구미가 당긴다. 김정일이 그의 팸플릿에서 건축의 권력과 정치를 공개적으로 인정한 것은 우리의 관점에서도 역시 읽어볼 만한 가치가 있게 만든다. 결국 그것은 진, 선, 미에 대한 것이 아니라, 건축이 정치 권력 형성에 미치는 영향에 대한 것이다.

자 그렇다면, 성 페테르스부르크의 게즈프롬 타워에 대한 렘 콜하스의 디자인이나 베이징의 CCTV와 같이, 다른 맥락에서의 공간 계획 뒤에 있는 사상은 무엇인가? 그것들의 사상이 정치적 영향을 야기하는가? 그리고 이러한 효과들은 긍정적인 방식으로 해결되는가? 혹은 아닌가? 혹은 그것들은 관련이 없는가?

백두산 건축계획아카데미의 아트리움에 있는 평양시 모형 (비율 1:1,000).

공공공간의 계획은 항상 직접적 혹은 간접적으로, 정치적 이해로 동기화된다. 독일 역사는 공공공간에 대한 생각들이 서서히 누적되면서 만들어졌다. 심지어 오늘날 사적 공간-휴대 전화나 인터넷을 통한 개인 커뮤니케이션의 공간-도 위협에 놓였다. 서구에서 역시, 공간 계획은 사상적 결정과 권력 구조에 연결되어 위임을 수행하는 건축가와 이상적으로 건축을 경험하는 시민이 거기에 동의하여야 한다. 미셸 푸코의 '비평적 태도'의 정의를 뒤집으면, 그가 '통치되지 않기 위한, 더 좋게는 그렇게 지배되지 않기 위한 책략'이라 부른 것을 뒤집으면, 김정일의 건축에 대하여 팸플릿은 '지배하기 위한 전술'이라고 부제목을 달 수 있다. 왜냐하면 '글들은 건축이 어떻게 사상을 주입할 수 있고 어떻게 건축을 이용하여, 푸코에 의해 기술된 비평적 태도의 가능성조차도 묵살시킬 수 있는 완고한 질서를 육성하기 위한 지배 도구로 쓸 수 있는가'에 대한 엄격한 지침을 다루고 있기 때문이다.

우리의 목적을 위해, 우리가 관여된 담화의 목적을 위해 이 질문에 대해 생각해보아야 한다. 그렇게 지배되지 않기 위한 책략을 실현하도록 우리를 강요하는 방식으로, 그렇게 지배에 이용된 건축은 어디에 있는가?

대동강과 김일성광장 사이 건물 부지에 있는 건설 인부들 (2007).

건축예술론 김정일 (1991)

(원문 발췌)

1. 건축과 사회
    1.1 건축은 사회 역사의 창조물이다
    1.2 사회주의, 공산주의 건축은 수령의 혁명 위업에 이바지한다
    1.3 주체건축은 인민 대중 중심의 건축이다

2. 건축과 창작
    2.1 주체건축은 혁명적 수령관으로 일관되어야 한다
    2.2 건축을 우리식으로 창조해야 한다
    2.3 건축 창조에서 당성, 노동 계급성, 인민성을 구현해야 한다
    2.4 건축 창조에서 민족적 특성과 현대성을 옳게 결합해야 한다
    2.5 건축의 질과 경제성을 높여야 한다

3. 건축과 형성
    3.1 건축은 종합예술이다
    3.2 건축에서 기본은 조화성이다
    3.3 독창성은 건축의 본질적 요구다
    3.4 다양성은 건축의 조형예술적 질을 높인다

4. 건축과 지도
    4.1 건축가는 창작가며 작전가다
    4.2 건축 창작 지도에서 집단성을 보장해야 한다
    4.3 건축사업에 대한 당적 지도를 강화해야 한다

1. 건축과 사회

1.1 건축은 사회 역사의 창조물이다

건축은 사람의 생활과 활동에 필요한 정신적 및 물질적 조건을 보장해 주는 수단이다.

건축은 사람의 생활과 뗄 수 없는 관계에 있다. 사람은 좋은 살림집이 있어야 단란하고 화목한 가정생활을 할 수 있으며 공장이 있어야 기계를 만들고 천을 짤 수 있고 극장과 영화관, 공원과 유원지가 있어야 문화적 생활을 누릴 수 있다.

건축은 사람의 창조적 노동에 의해 이룩된 창조물 가운데서 인간 생활과 가장 밀접한 연관 관계에 있다. 건축물 없이는 기초적인 물질생활 조건이 보장될 수도 없으며 인간 생활이 유지될 수도 없다. 건축은 사회 역사의 창조물이다.

건축은 인민 대중의 창조적 지혜와 노력, 예술적 활동으로 만들어진다. 따라서 건축에는 해당 시기 사람들의 물질 요구와 생활습성, 감정, 정서, 미적 취미를 비롯한 인간 생활이 종합적으로 반영된다.

사회적 관계 속에서 발생, 발전하는 건축은 해당 사회의 지배적인 사상과 사회관계를 반영하며 그것으로 일관된다.

건축은 계급성을 띤다. 건축의 계급성은 그것이 어느 계급의 이익을 반영하고 어느 계급을 위하는가에 따라 규정된다. 계급사회에서 계급성을 떠난 초 계급적인 건축이란 있을 수 없으며 또 있어본 적도 없다.

건축은 나라의 면모를 종합적으로, 직관적으로 표현한다. 건축을 보고 그 나라의 정치, 경제, 문화의 발전을 이해할 수 있다.

문화의 발전은 사람의 사상 의식을 높여주고 미적 감정을 풍부하게 함으로써 건축에 대한 높은 미적 요구를 제기하며 새로운 건축을 창조할 수 있게 한다.

인류가 창조한 건축물은 물질적 생산물인 동시에 정신적 생산물이다. 인간의 정신적 활동 없이 창조되는 건축이란 없으며 물질적 재료를 쓰지 않고 이루어지는 건축도 없다.

사람들은 흔히 건축을 실용예술이라고도 한다. 실용성과 사상 예술성은 건축의 본질적 속성이다.

실용성은 사람의 물질적 요구와 관련되는 속성이며 사상 예술성은 사람의 사상 미학적 요구와 관련되는 속성이다.

사상 예술성이 동반된다는 데 과학기술로써의 건축이 다른 과학기술과 구별되는 특징이 있으며 반대로 실용성이 부여된다는데 예술로써의 건축이 다른 예술과 구별되는 특징이 있다.

건축은 물질 실용적 기능과 사상 예술적 기능으로 하여 사회 발전에 능동적이며 적극적인 작용을 한다.

건축 예술은 일반 조형예술과는 달리 시각만을 통하여 평가되는 것이 아니라 일정한 기간을 지나면서 실천적 경험을 통하여 종합적으로 평가된다.

지난 시기 적지 않은 사람들은 건축 예술을 시간상으로 느끼는 '조형예술', '공간예술'로만 생각하면서 시간상으로 내용을 파악하는 '시각예술'로는 보지 않았다. 건축의 조형예술적 측면을 평가하면서 실용적 측면을 등한시하는 것은 형식주의적이며 예술 지상주의적인 관점이다. 우리는 건축 창조물을 평가하거나 건축 설계를 평가하는 데서 바깥 모양의 조형 예술성만 볼 것이 아니라 평면 계획, 구조 해결, 경제성을 다 같이 통일적으로 보아야 한다.

건축가는 하나의 건축물을 설계해 그것이 만년 대계로 길이 전해질 수 있게 질 높은 건축을 하는데 신경써야 한다.

1.2 사회주의, 공산주의 건축은 수령의 혁명 위업에 이바지한다

노동 계급의 수령은 건축에 대한 인민 대중의 지향과 요구를 전면적으로 반영하고 종합 체계화하여 혁명적인 건축 사상을 창시한다.

노동 계급의 수령이 창시한 건축 사상은 인민 대중에 대한 가장 올바른 견해와 관점에 기초하고 있는 건축 사상으로 […] 건축가들이 튼튼히 틀어쥐고 나가야 할 지도적 지침으로, 건축 창조 사업을 성공으로 이끄는 위력한 이론 실천적 무기가 된다.

건축가는 수령이 제시한 건축 창조의 총체적 방향에 따라 수령이 펼쳐준 구상을 실현해 나가는 기술자며 창작가다.

주체적 건축 사상과 이론은 주체의 철학적 세계관을 근본 초석으로 하고 있는 사람 중심의 건축 사상이며 건축에 대한 인민 대중의 자주적이고 창조적인 생활적 요구를 전면적으로 실현할 수 있게 하는 건축 학설이다.

수령의 품속에서 참된 삶과 행복을 누리는 인민에게 있어서 이보다 더 숭고한 사상 감정, 더 절절한 염원은 없다.

[…] 업적과 […] 위대성을 후세에 전하기 위한 가장 직관적이고 항구적인 수단은 기념비 건축물이다. 기념비 건축은 인간과 함께 영원히 존재하며, 따라서 사회 발전과 세대교체에 관계없이 사람들의 사상 의식에 능동적으로 작용한다.

이러한 대기념비는 대 서사시적 화폭으로 펼쳐 보임으로써 […] 사람들을 키우는데 적극 이바지하고 있다. […]

1.3 주체건축은 인민 대중 중심의 건축이다

사회 역사의 창조물인 건축은 해당 사회의 지배적인 사상을 구현하며 그 사회에 사는 사람들의 이념을 반영한다. 물론 건축이 물질적 재료에 의하여 이루어지는 조건에서 건축 창조는 기술 공학을 무시해서는 안 되지만 보다 중요하고 우선적인 문제는 건축물에 혁명적인 사상과 이념이 구현되도록 하는 것이다. 건축 창조에서 구조, 시공, 난방, 환기, 음향, 조명과 같은 문제는 기술 공학과 관련되는 문제지만 사상과 이념은 건축의 사상 이론적 기초에 관한 문제인 동시에 창작 목적과 목표, 창작 원칙과 기본 요구, 창작 방향을 규정짓는 근본 문제며 실천의 기준에 관한 문제다.

결국 건축은 순수 기술공학적 문제에 국한되는 것이 아니라 사상과 이념에 관한 문제에 귀착된다.

건축의 내용은 해당 건축물의 창조 목적과 사명, 성격과 관련한 문제며 형식은 그것이 어떤 구조와 형태로 실현되는가 하는 구체적인 방법, 표현 수단과 관련한 문제다. 건축 형식의 창조 과정은 건축의 내용을 구현하는 과정으로 곧 건축 형성 과정이며 건설 과정이다.

건축의 첫째 기능은 실용성이며 그 기본 징표는 편리성이다. 바꾸어 말하면 편리성은 실용성을 규정지으며 실용성은 건축의 기능을 특징짓는다. 편리성이 보장되지 않는 건축물은 실용성이 없으며 실용성이 없는 건축물은 빛 좋은 개살구와 같다.

건축은 실용예술인 것만큼 편리성과 함께 아름다움을 떼어놓고 생각할 수 없다. 아름다움은 주체건축의 중요한 내용적 구성 요소의 하나며 질

만수대 예술 스튜디오의 워크숍: 물감 튜브와 린드실 오일이 조선 선전 잡지 옆에 널려 있다.

적 속성이다. 편리성이 건축의 실용적 기능을 특징짓는다면 아름다움은 사상 예술적 기능을 특징지어준다.

주체적 미학 사상은 인민 대중의 지향과 요구를 아름다움의 유일한 평가기준으로 본다.

건축의 실용성뿐 아니라 사상 예술성에 대한 인민 대중의 평가가 가장 공정하고 객관적인 평가다.

건축의 조형미는 건축 내용의 반영으로 형식의 미이며 그것은 사람의 의식에 반영된 미적 표상이다. 건축의 조형미는 사람의 지각에 작용하여 정서적인 감정을 불러일으키며 이러한 정서 및 감성적 계기를 통해 사람을 사상 미학적으로, 문화 정서적으로 교양한다. 건축 창작에서 조형 예술성을 높이는 것을 강조하는 이유도 바로 여기에 있다.

건축의 조형 예술성은 그 인식 교양적 기능에서 중요한 자리를 차지한다.

2. 건축과 창작

2.1 주체건축은 혁명적 수령관으로 일관되어야 한다

건축을 혁명적 수령관으로 일관시키는 것은 주체건축 창작에서 확고히 견지하여야 할 근본 원칙이다.

주체건축은 인민 대중에게 사회주의, 공산주의 사회의 요구에 맞는 생활 조건을 마련해주려는 수령의 구상과 의도, 자기의 수령을 잘 모시려는 인민 대중의 염원을 실현하며 수령의 위대성과 업적을 빛내는데 적극 이바지한다.

건축가는 수령의 구상과 의도를 창작 실천에 구현하는 것을 명령과 의무가 아니라 끝없는 기쁨과 영광으로 받아들여야 한다.

건축의 예술적 형상은 수령의 위대성을 높이 칭송하기 위한 사상 정신적 담보가 되며 재료의 영구성과 구조의 견고성은 수령의 위대성을 만대에 길이 빛내기 위한 물질적 담보가 된다.

수령의 위대성을 높이 칭송하는 데서 기본은 수령의 영상을 밝고 정중하게 모시는 것이다. 건축 공간에서는 수령의 영상을 중심에 두고 모든 공간 요소를 지배해야 하며 모든 건축 구성 요소는 수령의 영상을 부각시키는데 사용되어야 한다.

그래야 사람들이 늘 수령의 영상을 바라볼 수 있고 그들에게 수령의 품에서 행복을 누린다는 높은 긍지와 자각을 안겨줄 수 있다.

수령의 위대성을 칭송하는 대기념비는 거기에 담기는 사상적 내용이 풍부하고 심오하기 때문에 웅장하게 만들어야 한다.

건축물의 규모는 형식 창조에서 중요한 의의를 가진다. 건축물의 사상적 내용이 아무리 깊고 가치 있는 것이라 하더라도 거기에 담겨 있는 사상적 내용에 맞는 규모를 가지지 못하면 그 건축물은 초라한 감을 면할 수 없게 된다.

대기념비는 건축 공간에서 언제나 형성상 중심의 위치에 놓이며 거기에 담겨 있는 사상적 내용을 심오하고 풍부하게 한다. 기념비가 형성상 중심에 놓여야 기념비로써의 면모가 주변 건축물보다 뚜렷하게 나타날 수 있으며 전반적인 건축 형성에서 주도적 역할을 할 수 있다.

또한 대기념비의 웅장성은 기념비 건축의 공간이 입체적으로 해결되면서 표현된다. 입체성은 웅장함을 표현하기 위한 기본수단이다. 대기념비의 건축 공간을 입체적으로 구성하여야 기념비의 정면 종심을 깊게 구성할 수 있으며 기념비의 정면 종심이 깊게 구성되어야 그 웅장함을 더욱 부각시킬 수 있다.

참다운 입체성은 중심 주제를 부각시키는데 모든 대상을 복종시키고 집중시키며 그것을 조화롭게 배치하여 형성상 통일성을 보장할 때에만

만수대 예술스튜디오의 예술가 (2007).

이루어지게 된다.

  대기념비를 숭엄하게 형성하여 사람들에게 정서적 감흥과 깊은 사색, 심리적 여운을 주며 그들이 고상한 사상 감정과 존엄을 느낄 수 있게 한다.

  대기념비를 정중하고 숭엄하게 형성하자면 주변 공간을 무게 있게 꾸려야 한다. 그래야 사람들이 대기념비 앞에서 스스로 옷깃을 여미게 되며 자세를 바로 가지게 된다. 대기념비 주변 공간을 무게 있게 꾸리는 데서 그 균형성을 보장하는 것이 특별히 중요하다. 균형성은 건축 형성을 정돈시켜 주며 정적이고 정숙한 느낌을 준다. 균형성은 대칭적 구성 수법에 의하여 보장된다. 대칭은 형태적 균형과 무게 균형의 외적 표현 형식과 수단이며 정중성의 전제다.

  대기념비는 물질적 재료에 의해 이루어지기 때문에 재료의 영구성과 구조의 견고성은 대기념비의 영원성의 결정적 담보가 된다. 대기념비의 영원성을 보장하는 데 대한 근본 요구에 맞게 영구적인 재료와 여러 가지 외기의 영향을 막을 수 있는 기술을 받아들여 그 구조를 견고하게 해결함으로써 대기념비를 만년대계로 창조해내야 한다.

  도시에 수령의 동상을 잘 건립하는 것은 도시 형성에서 중요한 문제다. 그래야 그들은 늘 자기 수령의 품에 안겨 보람찬 삶을 누리고 있다는 것을 실감하게 할 수 있다.

  건축에는 건축가의 세계관이 그대로 반영된다. 건축가의 세계관은 현실을 인식하는 것부터 설계하고 그것을 실현하는데 이르기까지 창작의 전 과정에 능동적으로 작용한다.

2.2 건축을 우리식으로 창조해야 한다

  건축을 우리식으로 창조한다는 것은 건축 창조에서 주체를 세운다는 것을 의미한다. 다시 말해 건축을 우리나라의 구체적 현실과 자연 지리 및 기후 조건, 우리 인민의 생활 감정과 생활 풍습, 구미에 맞게 창조한다는 것을 말한다.

  살림집의 온돌 난방 형식은 앉아서 생활하는 우

만수대 예술스튜디오 로비에 있는 김씨 부자의 벽화.

리 인민의 풍습에 의해 발생, 발전했으며 뻬치카 난방 형식은 서서 생활하는 서양 사람들의 풍습에 의해 발생, 발전했다.

사람이 생활하고 활동하는데 편리하게 공간을 꾸미며 합리적으로 배치하고 그 상호 관계를 정확하게 해결하며 위생 보건적 환경을 잘 보장하는 것은 건축 공간 형성에서 매우 중요한 문제로 나선다.

생활 기능 문제를 바로 풀어나가는 데서 중요한 것은 건축가들이 풍부한 과학 지식과 높은 기술을 소유하는 것이다. 사람의 동작과 동선을 정확히 타산하자면 사람의 몸에 대한 지식이 필요하며 사람의 심리적 특성을 정확히 반영하자면 심리학에 대한 지식이 필요하다.

방의 크기를 결정하자면 규모계획론의 지식이 필요하며, 건축 공간의 위생 보건적 합리성을 해결하자면 환경공학, 생태학, 기상학, 조명학, 음향학, 열공학, 환기학을 비롯한 여러 분야의 과학 지식을 소유하여야 하며 그것을 실현하기 위한 기술 수단을 알아야 한다.

건축가는 여러 분야의 과학기술 지식과 과학기술 발전 추세를 알고 있어야 하며 여러 가지 기술 수단을 통일적으로 해결할 수 있는 지식과 능력을 가지고 있어야 한다.

좋은 위생과 보건적 환경을 마련해 주는 데서 더위와 추위를 막는 대책을 세우고 그에 맞는 건축 재료를 적용하는 방법도 중요하지만 새로운 자연 기후 현상으로부터 사람을 보호할 수 있게 생활 공간을 창조하거나 환경을 바꾸는데 머무르지 말고, 현대적인 건축 설비를 적용하여 가장 좋은 생활 환경을 인공적으로 조성해 주는 것이 더 중요하다. 현대적인 건축 설비가 널리 적용되는 조건에서 합리적인 인공 기후 환경에 맞는 건축 공간의 규모 선정과 질을 높이기 위한 새로운 건축 공간 창조 방법을 탐구해야 한다.

인간의 사상과 감정, 지향과 요구는 언제나 구체적이며 현실적인 것만큼 건축도 현실적이고 구체적이어야 한다. 살림집에 목욕탕을 꾸려주면서 거기에 수건걸이나 비누 받침대를 안 달아

주거나, 살림방에 따뜻한 곳을 선호하는 노인이나 시원한 것을 선호하는 젊은사람들을 배려하지 않고 온돌을 놓아주면 그것이 사소한 것 같지만 인민에게 큰 불편을 주게 된다. 그렇다고 천만 사람들의 개인적인 요구를 다 해결해 줄 수는 없다. 한 건축 공간 안에서 많은 사람이 생활하고 활동하는 조건에서 개별적인 요구를 전부 해결해 준다는 것은 불가능하다. 출입문 손잡이 하나만 놓고 보아도 키 큰 사람은 높게, 키가 작은 사람은 낮게 달아줄 것을 요구한다. 이러한 요구를 모두 만족시키려면 한 개의 출입문에 손잡이를 열 개 달아주어도 안 될 것이다. 건축은 인간의 본질적이며 공통적인 요구를 반영하여야 한다.

자기 민족의 미적 감정에 맞는 새롭고 특색 있는 건축을 창조하려면 자연계의 다양한 형태와 색채, 자연의 여러 가지 조형적 현상의 미적 성질을 옳게 인식하고 그것을 건축에 창조적으로 적용해야 한다. 건축가는 자연계의 형태와 조형적인 형상을 자기의 착상과 구상이 무르익도록 옳게 이용해야 한다.

건축 형태 구성에서 자연계의 형태와 인공적인 형태를 이용한다고 해서 생활 기능과 구조의 합리성을 고려하지 않고 그대로 모방해서는 안 된다. 자연계의 형태를 그대로 모방하면 생활 기능의 불합리성과 건축 형태의 기형성을 가져오며 《자연주의 건축》과 《유기체 건축》에 떨어진다.

건축물은 사람에게 편리해야 할 뿐 아니라 튼튼해야 한다. 견고성은 건축물의 수명을 담보하는 실제적 조건으로 사람이 안전한 조건에서 생활하며 활동할 수 있는 물질적 담보를 마련해 준다. 건축물의 견고성은 구조의 합리적인 해결로 보장된다. 구조체는 건축 공간의 형태를 규정지으며 건축 공간은 구조체에 의해 존재한다. 구조체가 없으면 건축 공간이 존재할 수 없으며 건축 형태도 이루어질 수 없다. 구조체에 의해 건축 공간의 형태가 구성되며 오랜 세월 안전하게 유지된다. 구조체는 건축물의 골격을 구성하며 구조의 합리성은 그 골격의 수명을 담보한다.

마을과 도시의 구조체는 지역 분할과 중심부 조직, 가로망 조직과 건축물의 배치, 공원, 유원지 배치, 원림 조성을 포괄한다.

건축물의 구조체는 생활 기능의 합리성과 밀접하게 연관되어 있으며 서로 작용하면서 발전한다. 건축물의 구조체는 건축 재료에 따라 다양하게 해결되며 끊임없이 발전하는 건설 재료를 적용하여 더욱 새롭게 발전하게 된다. 초기에는 나무, 돌, 흙, 석회 같은 자연적인 재료를 적용하여 건축물의 구조체가 해결되었다. 그러나 철, 시멘트, 콘크리트, 판유리 같은 것이 개발됨에 따라 건축물의 구조 구성과 건축 형태가 다양해지게 되었다. 오늘에 와서는 입체 트러스 구조, 박막 구조, 줄 구조와 같은 새로운 구조체가 개발되게 되었으며 생활 기능적 요구에 필요 되는 큰 공간도 기둥 없이 자유롭게 형성할 수 있게 되었다. 이것은 지난 시기 도식화된 건축 형태에서 벗어나 다양한 건축 형태를 창조할 수 있는 과학기술적 가능성이 마련된 것이다.

건축가는 더욱 견고하고 안전하며 경제적이면서도 건설의 속도를 높일 수 있는 구조체를 연구하는데 큰 힘을 써야 한다. 이와 함께 현대적인 구조를 조립할 수 있는 앞선 시공공법을 찾아내야 하며 튼튼하고 가벼울 뿐 아니라 형태를 자유롭게 형성할 수 있는 재료와 불에 강하고 오래가는 새로운 구조 재료를 더 많이 탐구하여야 한다.

건축가가 자기 나라의 역사와 지리, 경제와 문화, 자기 인민의 생활 풍습에 정통하는 것은 건축을 자기식으로 창조하기 위한 필수적 요구다.

2.3 건축 창조에서 당성, 노동 계급성, 인민성을 구현해야 한다

원래 건축은 일정한 계급의 요구를 반영하며 그들의 이익을 대변한다. 주체건축은 노동 계급의 지향과 요구를 정확하고 깊이 있게 반영하며 온갖 비 노동 계급적인 요소를 배격함으로써 노동 계급의 이익을 철저히 옹호하고 구현한다.

노동 계급의 건축 창조에서는 실용성을 해결하는 데 있어서나 사상 예술성을 해결하는 데 있어서 노동 계급의 지향과 요구를 무조건 실현해야 하며 비 노동 계급적이며 부르주아적인 요소를 절대로 허용하지 말아야 한다.

인민 대중은 역사의 자주적인 주체다. 인민 대중은 역사 발전에서 주인의 지위를 차지하며 주인 역할을 한다.

인민 대중이 건축의 주인이라는 관점이 건축 창조 분야에서 인민 대중에 대한 가장 올바른 견해며 관점이다.

건축가는 언제나 인민 대중에 깊이 들어가 그들의 생활을 구체적으로 알아보아야 하며 건축에 대한 그들의 요구를 파악해야 한다. 건축가의 사상적 의도와 창작 기량은 어디까지나 건축 창조의 주관적 요인이며 여기에 건축 창조의 기준인 인민 대중의 지향과 요구가 받침되어야 한다.

건축가는 설계 할 때뿐 아니라 그것이 실현된 다음에도 인민 대중의 의견을 귀담아들을 줄 알아야 한다. 건축의 진정한 평론가는 인민 대중이다. 인민 대중은 자기의 지향과 요구를 기준으로 하여 건축물을 따져보며 평가한다. 인민의 판정에 합격한 건축물이 진짜 좋은 것이며 인민의 판정에 합격하지 못한 건축물은 좋은 건축물이라고 말할 수 없다.

설계 시안에 대한 군중 합평회, 대중 심사와 같은 여러 가지 방법을 적극 받아들이며 거기에서 제기된 의견을 종합 분석 일반화하여 건축에 반영하는 기풍을 세워야 한다.

2.4 건축 창조에서 민족적 특성과 현대성을 옳게 결합시켜야 한다

새로운 사회, 새로운 시대, 새 생활은 반드시 그에 상응한 새로운 건축을 요구한다. 이것은 건축 발전의 합법칙적 과정이다.

새로운 시대가 요구하는 새로운 건축은 민족적 특성과 현대성을 구현한 건축이다.

건축이 내용과 형식의 통일로 이루어지는 것만큼 건축의 민족적 특성 역시 내용과 형식의 통일로 이루어진다. 건축에서 내용을 떠난 민족적 특성은 없으며 민족적 특성과 관계없는 형식이란 있을 수 없다. 건축에서 민족적 특성은 주로 형식을 통해 반영되며 민족적 형식은 민족적 특성을 표현한다.

건축에서 민족적 특성은 역사적 구체성을 가진다. 건축의 민족적 특성은 상대적 공고성을 가지면서도 시대의 변화 발전에 따라 끊임없이 변하면서 새로운 것으로 보충된다. 시대가 변하면 민족의 사상 감정과 생활 방식, 미적 정서와 취미를 비롯한 민족적 특성을 이루는 모든 요소가 변화 발전하며 더 좋은 특성이 새롭게 형성된다.

민족건축 유산 가운데서 진보적이고 인민적인 것이라 하더라도 그것은 어디까지나 해당 시기의 수준에서 평가한 것이므로 오늘의 건축에 그대로 들어맞을 수 없으며 지난 시대의 사회 역사적 조건과 그 창조자가 가진 세계관의 제한성으로 인해 현시대의 요구와 노동 계급적 요구에도 맞을 수 없다. 민족건축 유산 가운데서 진보적이고 인민적인 것을 계승해도 그것을 현시대의 미감과 혁명의 요구에 맞게 비판적으로 계승 발전시켜야 한다.

For the Implementation of Joint Calls Published to Mark the 65th Anniversary of the Workers' Party of Korea

Construction of 10

The first-stage project for the construction of 100 000 flats is sped up in Pyongyang according to the far-reaching capital city construction plan of the Workers' Party of Korea.

Soldiers and builders gathered at Kim Il Sung Square in Pyongyang in August last year to express their determination to complete the construction of 100 000 flats till 2012 that marks the 100th anniversary of the birth of President Kim Il Sung. They finished a huge project task in a short span of nearly one year since the groundbreaking.

Dwelling houses, communal amenities, commercial networks, educational and cultural facilities and other structures are taking shape in the Rangnang-Ryokpho district, Sopho district and central districts of the city.

The officials of the central construction headquarters worked out plans by stages and processes to finish the project as soon as possible. Now they make detailed arrangements to implement them.

While meticulously expediting the work of securing building materials including cement, structural steel and gravels and sand in contact with the relevant units, they push ahead with the project without letup by actively tapping and using latent reserves.

With a determination to create "Pyongyang speed" once again in the Songun era the soldiers and builders finished the excavation of ground for laying foundations and the ground concrete tamping under the unfavourable natural condition of winter and then buckled down to the ground assembly project.

By making the utmost use of building equipment including efficient mixers and cranes and inventing and introducing new building methods, they are accelerating the framework project.

In particular, they ensure the highest quality of structures to make them impeccable in the far-off future in close collaboration with officials of the construction units.

Several sectors of the national economy in-

계획에 따라 완공되고 있는 10만 호의 아파트에 대한 영문 기사 (조선건축, no. 8–2010).

00 Flats Sped Up

cluding metal industry, building-materials industry and forestry produce and supply building materials needed for the construction of houses in a responsible manner.

The Sangwon and Sunchon cement complexes give precedence to technological upgrading and equipment management to supply more cement to the construction sites. The Chollima Steel Complex ensures the smooth production and supply of structural steel.

The Pyongyang Building Parts and Elements Factory produces and supplies various building parts and elements including light wainscots and prefabricated elements by giving precedence to science and technology and actively introducing the most rational production method. Thus it contributes to speeding up the building of houses.

The mushrooming of houses changes the appearance of the capital city.

Article & photos: Choe Won Chol

건축은 지난 시기 자기 나라 민족건축을 그대로 답습하는 것이 아니라 발전하는 시대적 요구와 과학기술에 상응하게 끊임없이 개조되고 변혁되며 다른 나라의 건축 창작 성과를 받아들이면서 창조되고 발전된다.

민족건축 유산을 계승 발전시키는 데서 두 가지 편향을 철저히 경계해야 한다. 그 하나는 복고주의고 다른 하나는 민족 허무주의다. 복고주의는 건축의 계급적 성격과 사회적 성격을 무시하고 지난날의 것을 덮어놓고 좋다고 하며 민족 허무주의는 자기 것은 덮어놓고 나쁘고, 남의 것은 무조건 좋다고 하면서 그것을 숭상하고 찬미한다.

물론 다른 나라의 건축에도 좋은 것이 있으며 받아들일 만한 기술이 있다. 다른 나라의 건축 형식이 좋고 건축 기술이 앞선 것이라 하더라도 자기 나라의 실정에 맞는가 안 맞는가 하는 것을 따져보고 그것을 비판적으로 받아들여야 한다.

민족건축 형식은 오랜 역사적 과정을 통해 형성되고 공고화된 것으로 거기에는 해당 민족의 고유한 심리 정서적 특징과 생활 풍습, 생활 감정, 기술과 재능이 집중적으로 반영되어 있다.
민족건축 유산에서 어느 것이 진보적이고 어느 것이 퇴폐적인가, 어느 것이 인민을 위하는것이고 어느 것이 반동적인가 하는 것을 가르는 것은 사람의 사상 의식이며 세계관이다. 민족건축 유산에 대한 옳은 입장과 태도를 가지고 노동 계급적 선을 세우자면 노동 계급의 혁명 사상으로 튼튼히 무장해야 한다.

주체시대 인민 대중의 생활적 요구를 만족하게 하려면 새로운 형성 수법을 끊임없이 창조해야 한다.

2.5 건축의 질과 경제성을 높여야 한다

건축물의 질은 그 물질 실용적 및 사상 예술적 가치의 총체다.
건축물의 질은 해당 시기의 사회 정치적 이념과 계급적 처지, 지배적인 사상과 건축가의 창작적 자질에 의해 결정되며 평가된다.

건설 재료의 질을 높여야 한다. 건축 설계의 질이 아무리 높다고 하더라도 건축물의 재료의 질이 낮으면 훌륭한 건축물을 창조할 수 없다. 건재는 건설의 운명을 좌우한다.

시공의 질을 높여야 한다. 건축 설계의 질이 높고 좋은 건축 재료를 쓴다고 해도 시공을 잘하지 못하면 건축물의 질을 높일 수 없다. 건설자는 건축가의 창작적 의도를 명확히 알고 시공 단계에서 그것을 정확히 실현해야 하며 시공의 기술 공정과 규정을 엄격히 지켜야 한다.

건축 설계도는 당의 건축 구상을 실현하기 위한 작전도며 완성된 설계도면은 법적 문건이다. 건설 속도를 높인다고 하면서 설계에 예견된 것을 생략해서는 안 되며 자재를 절약한다고 시공의 기술 공정과 규정을 어겨도 안 된다. 시공의 기술 공정과 규정은 다년간 과학 연구 사업과 시공의 경험에 기초해 검증된 것이기 때문에 엄격히 지켜야 한다.

건축 설비의 질을 높여야 한다. 현대적인 건축 설비를 적용하는 것은 현대 건축물의 질을 높이기 위해 중요하다. 건축 설계와 재료, 시공의 질이 아무리 높아도 뒤떨어진 건축 설비를 쓰면 건축물의 질을 높일 수 없다.

건축물의 질은 경제적 효과성과 밀접히 연관되어 있다. 건축물과 도시를 건설하려면 막대한 자금과 자재, 노력이 들어야 한다. 건축 창조에서 경제적 효과성을 높이는 것은 적은 자금, 자재, 노력으로 더 많이 건설하면서도 건축물의 질을 높일 수 있게 한다.

건축에서 경제적 효과성을 높이는 목적은 사회 제도에 따라 근본적으로 다르다. 황금만능의 자본주의 사회에서 건축의 경제적 효과성을 높이는 목적은 더 많은 이윤을 얻어 금융업자의 배를 불리려는 데 있다면 사회주의 사회에서 경제적 효과성을 높이는 목적은 모든 건축물의 질을 최상의 수준에서 보장하면서도 자금과 자재, 노력을 최대한으로 절약하고 있는 예비와 가능성을 적극 탐구 동원하여 근로인민 대중의 물질문화 생활을 더 빨리, 더 좋게 향상시키려는 데 있다.

건축 창조에서 경제적 효과성을 높이기 위하여서는 자금과 자재, 노력을 적재적소에 합리적으로 배치하고 효과적으로 이용하며 낭비를 없애야 한다. 자금과 자재, 노력의 낭비를 없애자면 건축설계 단계로부터 건축물의 허비 공간이나 불필요하고 잡다한 장식을 없애야 한다. 이는 오히려 건축물의 ㎡ 당 원가지수를 높이면서도 건축물의 질을 떨어 뜨린다. 건축 창작에서 불필요한 공간을 조성해 주는 현상을 없애고 건축 설계를 세련되게 해 건축물의 질도 높이고 경제적 효과성도 높이도록 해야 한다.

건설 단계에서 자재와 노력의 예비를 탐구하기 위해서는 새롭고 선진적인 기술을 받아들이고 기술을 혁신하여야 한다.

건축물의 질을 높이는 문제와 경제적 효과성을 높이는 문제는 서로 관련 있다.

3. 건축과 형성

3.1 건축은 종합예술이다

건축은 예술이다.

건축은 조형예술적인 형상과 실용적인 입체공간을 통해 인간 생활을 반영하며 사상 예술성을 표현한다.

조화성과 통일성, 다양성과 균형성, 안전성을 비롯한 건축 창조의 모든 조형 예술성은 사람의 미적 이념의 산물이다.

건축 창조에서 물질 실용성과 함께 사상 예술성을 중시하는 것은 실용예술로써 건축의 본질이다.

건축의 사상 예술성은 그 조형성과 직관성에 의해 표현된다. 예술로써의 건축은 사람의 사상 미학적 감정이나 지향, 객관적 현실을 조형예술적 형상을 통하여 반영한다. 이것은 건축이 다른 예술과 구별되는 본질적 특성이다.

직관성은 해당 대상을 보고 거기에 담겨 있는 사상 미학적 내용을 직접 감수할 수 있게 하며 조형성은 사상 미학적 내용을 연상의 방법으로 감수할 수 있게 한다. 직관성과 조형성은 건축의 사상 예술성을 감수하게 하는 기본 수단이다.

건축은 종합예술이다.

건축은 조각과 벽화, 장식, 공예를 비롯한 여러 가지 부문 예술의 종합으로 이루어진다. 물론 여기서 주도적인 역할을 하는 것은 건축이며 그 밖의 다른 것은 건축과 유기적으로 결합하면서 건축의 사상 예술성과 실용성을 높여주는 보조적인 역할을 한다.

조각과 벽화는 건축의 사상 예술적 내용을 풍부하게 하고 건축적 형상을 높여준다. 조각과 벽화는 예술로써 건축의 본질적 특성을 뚜렷하게 살려주며 건축은 조각과 벽화의 조형예술적 효과를 높여준다. 건축과 조각, 건축과 벽화는 사상 예술적 내용을 서로 보충해 주며 형상을 제약하는 관계에 있다.

조명, 장식, 색채도 건축 예술과 떼어놓고 생각할 수 없다.

건축 예술은 건축가, 조각가, 미술가, 도안가, 조명가의 집체적 힘에 의해 창조된다. 이런 의미에서 건축 예술을 집체 예술, 집단 예술이라고도 말한다.

평양 남서쪽의 세라믹 타일 공장에 있는 저장고.

건축이 표현하는 사상 예술적 내용은 추리와 음미, 연상의 방법에 기초해서 이해할 수 있고 파악할 수 있다. 여기서 결정적 의의를 가지는 것은 사람의 사상 의식 수준과 미적 수준이며 건축 언어에 대한 옳은 이해다. 건축이 표현하는 사상 예술적 내용은 어디까지나 상징적인 것으로 그 표현 수단은 점, 선, 면, 입체, 공간과 같은 건축 언어다.

건축의 사상성을 높이기 위해서는 내용적 구성 요소의 조화로운 통일을 이루어야 한다. 건축의 사상성은 사람이 실제 건축 공간에서 생활하는 과정에 감각 기관을 통해 종합적으로 안겨오는 지각과 감흥에 의해 비로소 인식되게 된다.

건축의 조형 예술성은 건축의 내용적 구성 요소를 형식에 옳게 반영하게 한다. 건축의 조형 예술성에서 기본은 미적 성질이다.

주체건축의 조형 예술성은 사람에게 높은 미적 정서를 가지게 한다.

건축 형성에서는 상징적인 표현성을 잘 살리는 것이 특별히 중요한 문제로 나선다. 이는 깊은 인상과 정서를 느끼게 하고 활력을 주지만 상징적인 표현성을 옳게 살리지 못한 건축은 메마르고 답답한 감을 느끼게 하며 생활에 활력을 주지 못한다.

상징적인 표현성을 옳게 살리기 위해서는 새로운 건축 언어를 탐구하고 그것을 능란하게 적용해야 한다. 시각적으로 안겨오는 표현성을 살려 건축 형태가 활력을 띠게 하는 데서 건축 언어는 매우 중요한 역할을 한다.

건축 형성에서 상징적 표현 수법은 건축가가 의도하는 어떤 건축 형태의 사상적 내용을 다른 사물의 형태 및 조형적 특성과 비교해 나타내는 표현 방법이다. 건축 형성에서 상징적 수법은 형성 요소의 배합에 의해 이루어지는 조형적 특성과 사람이 일상생활을 통해 머릿속에 굳어진 사물의 조형적 특성과 상징적 대상의 표상에 기초한다.

조형 예술성은 웅장성, 장엄성, 엄격성, 경쾌성, 아담성, 우아성, 화려성, 운동성을 비롯해 여러 가지 조형적 미감을 나타낸다. [...]

건축 형성의 상징적 수법을 적용하는 데에서 중요한 것은 상징적 수법에 의해 선정된 건축 형태가 고유한 조형적 요구에 충실히 복종되도록 하는 것이다. 건축가가 건축물의 사상적 내용을 새롭고 특색 있는 건축 형태로 표현한다고 하면서 자기의 주관적 욕망 때문에 건축의 고유한 조형적 요구를 무시하고 건축 형태를 그 어떤 조각품과 같이 만들면 안 된다. 복잡하고 환상적인 건축 형태는 생활 기능적인 불합리성과 구조 해결의 무리성, 시공의 복잡성, 자금과 자재, 노력의 낭비를 가져오게 한다.

상징적 수법에 따라 선정된 형태가 구색이 맞지 않고 삐져 나오거나 어색하게 맞물리면 기형적인 건축 형태가 나오게 된다. 그렇게 되면 오히려 건축물의 사상 예술적 가치를 떨어뜨리게 된다. 새로운 상징적인 모양새를 착상하는 데도 힘을 넣어야 하지만 그 모양새를 구색이 맞게 잘 맞물리게 하는 데 더 큰 힘을 넣어야 한다.

건축이 종합예술로써 자기의 면모와 품격을 원만히 갖추려면 조각, 벽화, 장식, 조명, 색채를 널리 이용해야 한다. 그리고 건축가, 조각가, 미술가, 도안가, 조명가들 사이의 창조적 협조를 강화해야 한다. 건축가는 조각과 벽화가 자기의 의도에 맞는가, 맞지 않는가 하는 것을 따져 보아야 하며 조각가, 미술가와 하나하나 합의하면서 자기의 창작적 의도를 정확히 관철해 나가야 한다.

3.2 건축에서 기본은 조화성이다

조화성은 다양한 구성 요소를 통일적으로 해결하면서 이루어지는 조형적 성질이다.

건축 예술은 언제나 조화를 전제로 한다. 조화되지 않고서는 아름다운 건축이 창조될 수 없다. 이런 의미에서 건축 예술을 조화 예술이라고 한다.

건축 형성에서 조화성은 통일성과 밀접한 연관 관계에 있다.

건축 형성에서 통일성은 여러 가지 건축 요소를 하나의 통일적인 체계와 질서에 복종시켜 묶어주고 조화시키는 속성이다.

통일성 문제는 도시 공간 형성에서만 제기되는 것이 아니라 개별적인 대상, 세부 장식, 건축물과 자연 공간의 호상 관계를 비롯해 건축 전반에서 제기된다. 통일성이 보장되지 않은 건축은 결코 아름다운 건축이 될 수 없다.

개별적인 건축의 거리 또는 도시 형성에서 통일성은 주도적인 것과 종속적인 것을 바로 설정하고 그 상호 관계를 잘 해결해야 이루어진다.

주종 관계를 해결하는 데서는 건축 구성 요소와 구성 단위의 성격과 사명에 맞게 형성 중심을 주된 것으로 선정하고 그 밖의 구성 요소와 부분은 여기에 종속시켜야 한다. 그래야 건축 구성 요소와 구성 단위의 형성 중심이 사상적 내용을 옳게 표현할 수 있게 하며 시각적으로도 강한 인상을 주게 된다.

건축 형성에서 주종 관계를 무시하거나 전반적인 형성에 관심을 돌리지 않고 하나의 대상, 자기가 맡은 대상만 두드러지게 표현하려고 하면 예술적 조화를 이룰 수 없다. 학의 목이 길다는 것을 보여주기 위해 그 곁에 거북이를 세우면 만화처럼 보이게 된다. 전체적으로 조화된 속에서만 개별적인 대상이 빛을 낼 수 있고 개성도 살아날 수 있다.

구성 요소를 논리 정연하게 배열해 주종 관계를 잘 살려야 자기의 고유한 조형적 특성을 나타낼 수 있다. 이는 전체적인 통일성을 보장할 수 있으며 사람들에게 강한 인상을 주어 미적 감흥을 불러일으킬 수 있다.

주종 관계의 요구에 맞게 구성 요소와 구성 단위를 배열하는 것은 건축 형성에서 통일성과 조화성을 보장하기 위한 기본 조건의 하나이다.

구성 요소와 구성 단위를 배열함에 있어서 순수 시각적인 측면만 보아서는 안 되며 철저히 생활적인 논리, 건축 형성적인 논리에 따라야 한다. 그래야 전반적인 건축 형성이 진실하고 생활적인 것이 될 수 있다.

이같은 양상을 특징으로 하여 건축은 정적인 것과 동적인 것, 경쾌한 것과 무거운 것, 웅장한 것과 명랑한 것, 우아한 것과 같은 조형적인 느낌과 인상, 편리한 것, 안전한 것, 기분 좋은 것, 아늑한 것과 같은 생활적인 느낌과 포근한 것, 차가운 것, 따뜻한 것, 시원한 것과 같은 감각적인 느낌을 표현한다. 건축물에 표현되는 다양한 심리 정서적인 느낌은 건축 형성 요소인 점, 선, 면, 덩어리와 각각의 조형 수단과 수법이 가지고 있는 조형적 특징을 대상의 사명과 목적에 맞게 적용할 때 생겨난다. 건축물의 양상은 조형 예술성을 풍부히 하고 다양하게 할 수 있게 하는 요인이다.

착시 현상의 교정을 잘해야 한다. 착시는 주로 시각의 특성과 빛의 굴절 때문에 생긴다. 착시 현상의 특성을 정확히 파악하며 그에 맞는 설계 기법을 찾아내 적용해야 훌륭한 건축 형태를 창조할 수 있다.

대조와 척도성을 비롯한 일련의 조화 수법은 착시 현상의 특성에 기초하여 발생 발전했다. 조화 수법은 착시 현상에 기초하여 탐구된 것이다. 착시 현상을 어떻게 이용하는가에 어떤 설계 기법을 쓰겠는가 하는 문제가 좌우된다. 그러므로 건축 형성에서 착시 현상은 설계 기법을 다스리게 하는 중요한 전제 조건이 된다.

사람의 이동에 따라 다르게 보이는 조형적 효과성은 시간의 흐름과 함께 사람의 머릿속에 하나의 표상으로 묶어지게 되며 그에 기초하여 건축물의 질을 종합적으로 평가하게 된다. 먼 거리에서 건축물에 접근해 옴에 따라 건축물 윤곽선의 조형적 효과로부터 건축 세부 요소의 조형적

패널 공장에서 조립된 벽 패널을 트럭에 싣고 있는 모습 (라 콘스트뤽티온 앙 꼬레, 평양 1991에서 발췌).

효과와 마감 건재의 질감 효과가 생동감 있게 안겨오며 그 건축물의 규모도 점점 크게 느껴진다. 그러므로 가까운 거리, 중간 거리, 먼 거리의 조형적 효과를 정확히 고려하여 많은 사람이 잘 볼 수 있는 곳에 주요시점을 정하고 원근거리에 의한 건축물의 조형적 효과성을 높이도록 해야 하며 그에 맞게 새로운 설계 기법을 탐구해야 한다. 시간적 지속성을 이용하여 중요 대상을 더욱 강조하고 돋우며 이동 과정에 조형적 느낌의 변화를 주는 설계 기법을 탐구해야 한다.

운송 수단이 급속히 발전한 현시대에 와서 건축에서 시간성의 역할이 더욱 높아지고 있으며 시점의 범위가 더 확대되고 있다. 건축에서 건축물의 조형적 효과성을 높이자면 시점의 이동을 잘 고려해야 한다. 건축가에게 건축 시안 단계에서 현실적 조건을 정확히 고려하여 투시도를 그릴 것을 요구하는 의도가 바로 여기에 있다. 투시도를 그리는 목적은 주요 시점에서 보는 사실적인 투시효과를 보자는 데 있다. 건축가는 투시도를 보기 좋게만 그리려 하지 말고 실질적으로 존재할 수 있는 시점과 보이는 거리에서 투시도를 그려 보다 현실성 있는 설계를 해야 한다.

3.3 독창성은 건축의 본질적 요구다

예술로써의 건축은 내용과 형식의 높은 사상 예술성으로 하여 사람의 미적 및 정서적 감흥을 불러일으키며 그것으로 하여 인식 교양적 기능을 수행한다.

건축예술론

　　건축은 창작이다. 창작은 새것을 창조해 나가는 과정이다. 새 것이 없고 특색이 없는 건축은 창작이 아니다. 독창성은 창작의 본성이다. 건축 창작은 창조되는 건축 공간이 보다 새로운 색채를 표현하고 특색 있는 맛을 주도록 모든 구성 요소를 해결하고 형성하는 과정이라고 말할 수 있다.

　　새로운 형성 수단과 수법을 적극적으로 탐구하고 활용하며 여러 가지 주·객관적 요인을 폭넓게 포착하고 해결하여 사람들에게 새롭고 독특한 인상을 안겨줄 수 있게 창조된 건축물이라야 창조물로써의 자기의 사명을 원만히 수행할 수 있다. 이것은 건축 창조에서 도식과 유사성을 철저히 극복하고 새롭고 특색 있는 건축을 창조할 것을 요구한다.

　　건축 창조에서 모방은 도식과 유사성을 낳는다. 도식과 유사성은 죽음이다. 건축 창조에서 도식과 유사성에 빠지면 인민 대중의 생활적 요구를 깊이 이해할 수 없게 되며 기성건축의 테두리에서 벗어날 수 없게 된다. 모방주의는 건축 창조에서 기성 틀에 맞추어 창작 원칙을 설정하며 건축 해결에서 새로운 방법과 기법을 탐구할 수 없게 하고 그것을 대담하게 적용할 수 없게 한다.

　　모방주의는 건축 창조의 본질적 특성과 그 사명을 옳게 인식하지 못하였거나 인식하였다 하더라도 남이 창조하여 놓은 건축물을 분석적으로 볼 줄 모르고 자기의 창작적 주견을 확고히 세우지 못한 데에서 나타난다. 건축 창조에서 모방주의는 남의 건축에 대한 환상을 가지게 하며 자기의 창작적 주견을 가질 수 없게 하고 새것을 찾을 수 없게 하는 유해로운 사상 조류다. 모방주의에 물들면 기성 건축물과 남이 창조한 건축물에 구현된 창작적 의도를 그대로 옮겨놓게 되며 형성상 특징을 아무런 고려도 없이 본뜨게 된다.

건축 창조에서는 독창성과 비반복성의 원칙을 확고히 견지하며 모든 건축을 새롭고 특색 있게 창조하는 것이 특별히 중요한 문제로 제기된다.

형상적 주제를 독창적으로 세우는 데에서 중요한 것은 건축물에 담아야 할 사상적 내용을 옳게 규정하며 건축 창조의 기본 목적을 정확히 인식한 토대 위에서 그것이 놀아야 할 역할을 깊이 파악하는 것이다.

도시 형성은 단순히 건물을 자리나 잡아주고 층수나 규정해 주는 사업이 아니라 건축 창조의 한 분야다. 도시 형성에서는 건축물을 건축 형성 이론에 따라 통일적인 흐름으로 결합해 하나의 예술적 형상을 창조한다. 도시 건축가는 건축물을 하나의 중심, 도시 중심에 맞추어 한결같이 엮어 놓으며 도시 건축 형성을 완성한다. 도시 형성에서 개별적인 건축물의 특성을 살린다고 해서 도시의 전반적인 조화를 깨뜨려도 안 되며 도시 전반의 조화를 보장한다고 해서 개별적인 건축물의 특성을 무시해도 안 된다.

건축가의 독창성은 도시 형성에서 개별적인 건축물의 특색을 살리면서도 전반적인 건축 형성의 조화를 완성하는 데에서 나타난다.

건축 창조 사업의 직접적 담당자는 건축가인 것만큼 성과 여부는 건축가에게 달려있다.

새것을 탐구하고 발견하고 만들어 내며 실현해 나가는 과정, 다시 말하여 새 것의 창조 과정인 건축 창조 과정은 무엇보다도 건축가의 높은 창작 기량을 요구한다. 창작 기량이 높아야 새롭고 의의 있는 것을 탐구하고 발견할 수 있으며 그것을 훌륭하게 만들어 냄으로써 인민 대중이 좋아하는 특색 있는 건축을 창조할 수 있다.

건축에서 창작적 개성은 건축가의 사상적 입장과 태도, 건축적 견해와 문화 수준, 감정과 정서가 결합하여 건축물에 반영된 것이다.

창작적 개성이 뚜렷하고 독창적인 것으로 되자면 건축가가 혁명적 세계관을 소유해야 하며 창작 기량을 높여야 한다. 건축가가 창작적 개성을 살린다고 하면서 개인적인 취미와 자기식의 도식적인 틀만 고집해서는 안 된다. 건축 창조에서 틀은 건축 예술의 창조적 성격을 올바로 이해하지 못하는 데서 생기는 하나의 편향으로 건축 창조에 대한 그릇된 태도와 관련된다. 건축 창조에서 틀은 건축을 기형화하는 요인이다.

도시 형성을 담당한 건축가들 속에서 창작적 개성을 살리는 것도 중요하지만 집체적 창작 원칙을 지키는 것이 더 중요하다. 도시 형성 계획은 한두명의 건축가로는 만들 수 없으며 설계 사무소나 하나의 큰 설계 집단의 공동의 지혜에 의해서만 성공적으로 만들 수 있다. 도시 형성 계획을 맡은 개별적인 건축가에게 다양한 건축 형식을 유기적으로 결합할 수 있는 재능과 기교가 있다 해도 그것만으로는 잘 조화된 도시 형성 계획을 만들 수 없다. 도시 형성 계획 작성에서 집체성의 원칙을 지키는 것은 그 성과를 담보하는 기본 요인이다.

건축 언어를 대상의 특성에 맞게 잘 살려 쓰는 것은 새롭고 특색 있는 건축을 창조하는 데서 매우 중요한 의의를 가진다. 건축 언어는 건축가의 창작적 의도를 표현하는 수단이다.

사람은 자기의 사상과 의사를 언어를 통하여 나타내며 다른 사람에게 전달하는 것과 같이 건축에서도 거기에 담겨 있는 사상적 내용과 건축가의 창작적 의도를 건축 언어로 표현하고 전달한다.

조화 수단은 사람의 사상과 의사를 표현하고 전달하는 언어와 같은 구실을 하기 때문에 조형 언어라고 한다.

건축 형태 구성에 흔히 적용되는 기본 조화의 수단은 대칭과 비대칭, 비례, 율동, 대조와 은근한 차이, 척도며 보조 수단은 질감, 색, 장식, 명암, 조명 같은 것이다.

대칭과 비대칭은 건축 조형에서 매우 중요한 위치를 차지하고 있는 조화 수단의 하나다. 우리 주변에 있는 모든 사물은 형태상 예외 없이 대칭 또는 비대칭으로 되어 있으며 특히 동식물의 전반적 또는 부분적 형태도 예외 없이 대칭으로 되어 있다.

대칭은 단정하고 정결함을 자아내는 조형적 법칙성이다. 대칭성은 기능적, 구성적 및 역학적 요구에 적응하는 조형적 속성이다.

대칭적 수법은 균형성을 전제로 한다.

비대칭은 부드럽고 우아함과 운동감을 나타내는 조형적 법칙성이다. 비대칭은 대칭에 비해 자유로우며 일정한 변화성을 가진다. 비대칭적 수법은 건축물의 생활 기능조직과 전반적인 건축계획의 요구에 따라 적용된다. 비대칭적 수법을 적용하는 데서 중요한 것은 균형성을 옳게 보장하는 것이다. 건축물의 형태를 비대칭적으로 구성한다고 해서 시각적 축을 기준으로 양쪽에 놓이는 요소의 크기와 덩어리의 무게가 균형을 이루지 못하고 한쪽으로 기울어지면 그것은 건축 형성의 조화 수법으로써는 아무런 의미를 가지지 못한다. 균형이 잡히지 않은 건축물은 안정감을 상실하게 되며 사람에게 불안한 감을 주게 된다. 건축 형성에서 균형성은 모든 조형의 바탕에 놓이는 중요한 조형성의 하나다.

건축 형성에서 비례는 형태미를 좌우하는 중요한 조화 수단이다.

건축 형성에서 비례는 기하학적 비례가 가지고 있는 미적 법칙성을 건축 형태 구성에 적용한 것으로 건축 형태의 길이, 너비, 높이, 형태 및 전체와 부분, 부분과 부분 사이의 크기관계로 이루어진다.

건축에서 율동은 건축 요소와 그 간격의 반복이나 교체로 일정한 장단을 조성하여 운동감을 표현하는 하나의 법칙성이다. 건설이 공업화되어 조립식 건설이 광범히 진행되고 있는 오늘의 조건에서 율동구성을 잘하는 것은 매우 중요한 의미가 있다.

대조와 비교도 건축 조형의 중요한 조화 수단의 하나다. 건축 형성에서 대조는 반대되는 성질을 가진 요소를 대비하여 서로 자기의 고유한 특성을 강조함으로써 일정한 조형적 효과를 나타내는 법칙성이다. 크고 작은 두 개의 요소를 대비하면 큰 것은 실제적인 크기보다 더 크게 보이고 작은 것은 더 작게 보인다. 대조적 구성은 건축 형태의 중요한 요소를 강조할 때 흔히 쓰이는 조화 수단이다. 대조는 대비되는 요소가 통일적인 조화를 보장하는 조건에서만 가능하다. 만일 대비되는 두 개 요소의 차이가 심해 통일적으로 어울리지 않을 때에는 오히려 대조가 조형적 효과를 떨어뜨린다.

건축 형성에서 비교는 두 개의 건축 요소 사이에 조형상 약간의 차이로 서로 다른 조형적 느낌을 안겨주게 하는 법칙성이다. 건축 조형에서 대조와 비슷함을 옳게 적용하여 건축 형태의 조형적 효과를 높여야 한다.

건축 형성의 조화 수단인 척도는 주로 건축 형태의 전체와 부분 사이의 형성체계의 특성을 표현하는데 적용된다. 척도는 일반적으로 주어진 치수 사이의 비를 의미하지만 건축척도는 절대적인 실제 수치와는 관계없이 사람의 눈으로 보고 느껴지는 건축 형태의 전체와 부분 사이, 건축 형태들 사이, 건축 형태와 주변에 있는 사물의 상대적 크기 사이에서 이루어지는 비의 조형적 표현성을 규정하는 법칙성이다. 건축척도를 적용하는 목적은 건축 형태의 질적 측면을 조형적으로 표현하는 데 있다. 굵은 척도는 무거운 느낌, 웅장성, 장엄성을 표현하는 데 쓰이며 잔 척도는 가벼운 느낌, 아기자기한 느낌을 표현하는 데 쓰인다.

　건축 형성에서는 척도가 대상의 사명과 생활 기능적 및 구조적 요구에 맞게 진실하게 해결되어야 하며 건축물 마감의 질감과 색조의 효과까지 옳게 고려하여 구성되어야 한다.

　척도성 구성에서 척도 기준자는 매우 중요한 역할을 한다. 척도 기준자는 생활을 통하여 사람의 머릿속에 굳어진 크기로 건축물의 상대적 크기를 가늠할 수 있게 한다. 건축가가 입면도나 투시도를 그릴 때 그 건축물의 옆에 사람과 자동차를 그리는 것은 그 건축물의 상대적 크기와 척도를 직관적으로 보여주기 위해서다.

　건축 형성의 보조 조화 수단인 질감, 색, 장식, 명암, 조명도 건축 형태 구성에서 매우 중요한 역할을 한다. 건축 형성에서 사람에게 옷을 입히고 화장을 시키는 것과 같은 기능을 수행한다.

　색에 대한 연상, 색의 상징, 색에 대한 호감은 사람들의 세계관, 미적 이념, 계급적 처지, 생활 환경, 민족적 생활 풍습과 정서, 준비 정도, 성별, 나이에 따라 달라진다. 사람이 색을 어떻게 연상하고 상징하며 어떤 색을 좋아하는가에 따라 계급성과 민족적 특성, 미학 정서적 준비 정도와 취미가 표현된다. 색의 물리 화학적 성질과 사람의 생리적 및 심리적 조건을 종합적으로 고려하여 색의 선택과 배색, 색 조화를 옳게 해결하여야 조형적 효과를 진실하게 표현할 수 있다.

　건축 형태의 색채 계획에서 조형적 효과를 옳게 표현하려면 배색을 잘해야 한다[…].

　건축가는 창작가며 새것의 창조자다. 남의 것을 모방하는 건축가, 한두 가지 기법에 매달려 매번 엇비슷한 건축물을 창조하는 건축가는 창작

함흥 건설자재 공장에서 트럭에 적재되고 있는 석회 벽돌. (라 콘스트뤼티온 앙 꼬레, 평양 1991에서 발췌)

가라는 이름뿐이지 창작가, 창조자로서의 건축가가 아니다.

창작적 열정과 도섭은 건축가의 창작 기풍, 창작 풍모로서 그들을 창작하게 부추기는 힘의 원천이며 도식과 유사성을 배격하고 새롭고 특색 있는 건축을 창조하기 위한 중요한 요인이다.

건축가는 학습을 부지런히 하고 습작을 많이 하며 자료 작업을 꾸준히 하여 정책적 안목과 창작적 안목을 넓히며 건축 창작에서 제기되는 모든 문제를 자체의 힘으로 풀어나가는 창작적 태도와 자세를 가져야 한다.

3.4 다양성은 건축의 조형예술적 질을 높인다

건축 창작에서 다양성을 보장하는 것은 건축 형성의 기본 원칙 중 하나다. 건축이 특색 있고 다양해야 볼맛도 있고 예술로써 건축의 고유한 정서적 감화력을 더욱 높일 수 있다.

건축 유형과 개별적인 건축물에서뿐 아니라 건축과 거리 형성, 마을과 도시 형성에서도 다양성을 보장하여야 한다.

모양새가 엇비슷한 건물이나 건축 군으로는 도시의 건축 형성을 창조할 수 없으며 건축 창조에서 유사성을 극복할 수 없다.

거리 형성에서 다양성을 보장하자면 거리를 입체적으로 꾸려야 한다. 대 통로를 따라 건축물을 일직선으로 배치하는 주변배치방법은 낡은 방법이다.

건축적 다양성을 창조하는 데서 자연환경과 주

변 요소를 잘 살리는 것은 특별히 중요한 의의를 가진다.

아름답고 다양한 산수풍경을 건축에 끌어들이려면 공간을 막지 말고 열어 놓아야 한다.

사람은 자연을 좋아하며 자연 속에서 즐기는 것을 하나의 생활적 요구로 내세운다.

건축 공간을 개방하여 자연을 건축 공간에 적극 끌어들이는 방법만으로는 건축과 자연환경의 조화 문제를 완벽하게 해결할 수 없다. 건축과 자연환경의 조화를 완벽하게 해결하자면 건축 공간에 아름다운 자연을 축도 재현하는 방법을 적극 받아들여야 한다. 그렇게 건축 공간을 꾸미면 사람은 늘 공기 좋고 물 좋은 자연 속에서 일하며 생활하는 것과 같은 느낌을 받게 되고 마음이 더욱 즐겁고 유쾌해진다.

건축가는 다양한 자연과 현실 생활에서 자기 인민이 좋아하는 새롭고 독특한 것을 찾아내고 그것을 다양한 건축 형태로 전환할 수 있는 능력을 끊임없이 키워나가야 한다. 건축적 조화성을 창조하는 데서 다양성과 통일성을 잘 결합하는 것이 중요하다.

4. 건축과 지도

4.1 건축가는 창작가며 작전가다

지구상에 《움집》이 생겨난 이후부터 시작된 인류 건축사는 오늘에 이르기까지 오랜 세월이 흘러갔다. 이 기간에 건축가들은 사회와 인간을 위해 참으로 많은 일을 했으며 시대와 민족의 자랑으로, 영예로 되는 만년재보를 마련하고 인류 역사와 더불어 영원할 위대한 공적을 쌓아올렸다. 이것은 건축가들에게 크나큰 긍지와 자부심을 안겨주며 시대와 역사 앞에 지닌 사명감을 더욱 깊이 자각하게 한다.

건축가들이 건축 창조 사업의 중요성과 의의를 똑똑히 알고 인류 앞에 지닌 사명과 임무를 깊이 자각할 때에만 건축 창조 사업에서 더욱 큰 전진이 이룩되게 된다.

건축가는 창작가며 작전가다. 건축가의 창조 활동을 떠나서는 건축물의 존재에 대해 생각할 수 없다. 복잡한 과학기술을 동반하고 있는 건축은 전문가가 아니고서는 결코 창조할 수 없다.

건축 설계는 오직 건축 부문 과학기술과 건축 창작적 기량을 소유한 건축가만이 할 수 있다.

건축물은 착상 단계로부터 구상 단계, 설계 단계, 시공 단계를 거쳐 실현된다.

창조적 능력을 키우는 데서 중요한 것은 자기의 기술 실무 수준을 끊임없이 높이는 것이다. 높은 기술 실무 수준은 건축 창조 활동을 독자적으로, 창조적으로 할 수 있게 하는 조건을 지어준다. 높은 기술 실무 수준은 창조적 사색과 창조적 구상의 원천이다. 기술 실무 수준이 높아야 기성 작품을 비판적으로 보고 정확히 분석할 수 있으며 남을 쳐다보지 않고 제힘으로 새롭고 특색 있는 건축을 창조할 수 있다.

건축 창조에 적용되는 모든 조화 수단과 수법을 깊이 파악해야 한다. 조화 수단과 수법을 깊이 파악하는 것은 건축가의 기술 실무 수준을 높이기 위한 기본 요구다. 건축가의 높은 기술 실무 수준은 실천 활동에서 표현되며 창작 실천은 곧 조화 수단과 수법의 능숙한 적용 과정이다.

건축에서 대칭과 비대칭은 어떤 의의가 있으며 축을 어떻게 설정하고 균형을 어떻게 보장하는가 하는 것을 비롯하여 건축 창조의 모든 조화 수단과 수법을 훤히 꿰뚫고 있어야 어떤 대상이든지 인민이 좋아하는 기념비적 명작으로 창조할 수 있다.

건축가는 현대 과학기술에 정통해야 한다. 현대

과학기술은 건축 창조에서 새롭고 선진적인 구조를 만들어내 건축의 형식과 내용을 혁신할 수 있게 한다.

건축가가 아무리 새롭고 특색 있는 형태를 착상하고 설계하였다 해도 과학기술적 담보가 없으면 그것은 실현성이 없는 공중누각에 지나지 않는다.

건축가가 작성한 설계가 현장 시공 설계 단계에서 바뀌는 것을 이따금 보게 되는데 그것은 현대 과학기술을 무시하고 실현 가능성을 타산하지 못해서다. 현대 과학기술에 정통하는 것은 건축 발전의 전제가 된다.

건축가는 사회생활에 필요한 모든 분야의 생활 및 생산활동 공간을 비롯하여 물질적 및 정신적 부를 생산하는 다양한 건축물과 마을과 도시를 현대적 미감에 맞게 형성하는 창조자기 때문에 폭넓고 깊이 있는 기술공학적 지식을 소유하여야 […] 종합적으로 해결할 수 있다.

건축가는 높은 목표를 세우고 완강한 의지로 누구보다도 공부를 많이 해야 한다. 건축가는 외국어 학습을 강화하여 다른 나라의 앞선 경험과 성과를 널리 받아들이며 창작 기교와 솜씨를 높이기 위한 훈련을 계획적이고 체계적으로 해야 한다. 배우고 또 배우는 길만이 창작적 자질을 높여 훌륭한 건축물을 창작하는 길이다.

건축가는 높은 창작적 자질과 완강성, 대담성, 인내성을 겸비한 건축가가 되기 위하여 왕성한 정력을 가지고 꾸준히 학습하고 단련하여야 한다.

건축가는 공간에 대한 개념을 가지고 있어야 한다. 깊은 공간 개념은 건축가가 갖추어야 할 중요한 자질이다. 작가가 언어의 예술가라면 건축가는 공간의 예술가다.

건축가는 현실 이해부터 착상과 구상, 설계에 이르는 모든 단계에서 정열을 쏟아 부어야 한다. 건축가의 책임성과 역할을 높여야 한다.

건설에서 설계가 기본이다. 설계가 있어야 노력과 자재, 설비, 자금을 타산할 수 있으며 그 예산을 세울 수 있다. 설계는 섬세하고 구체적이어야 하며 현실성이 있어야 한다. 섬세성과 구체성은 건축 설계의 본질적 특성이다. 설계가 섬세하지 못하면 시공 단계에서 혼란이 조성될 수 있으며 반복 시공하는 것과 같은 현상이 나타날 수 있다. 설계에서 점 하나 잘못 찍고 선 하나 잘못 그으면 숱한 국가의 자재와 자금이 낭비되게 된다.

건축가는 방안 마감 자재의 색깔과 문양을 비롯하여 사소한 점도 놓치지 말고 깊이 관여해야 하며 문 손잡이의 형식은 물론, 접철을 어떤 형식으로 만들며 그것이 몇 개나 필요하고 그것을 다는 데 나사못이 얼마나 있어야 한다는 것까지 다 타산해야 한다.

건축가는 미술가도 아니며 조각가도 아니다. 건물의 입면이나 번듯하게 그려놓거나 모형을 먼저 만들어 결론을 받은 다음 거꾸로 거기에 평면을 맞추며, 시공에 관심을 두지 않는 것은 무책임하고 주인답지 못한 태도며 극단적 형식주의, 요령주의다.

건축가는 상상력도 있어야 한다. 구상은 풍부한 창조적 상상 속에서만 자라나고 무르익는다. 건축가에게 상상력이 있어야 높은 목표를 내걸고 큰 것을 노릴 수 있다.

4.2 건축 창작 지도에서 집단성을 보장해야 한다

건축 창작 지도에서 집단성을 보장하는 것은 건축가들과 건설 부문 일꾼들의 집단적 지혜와 힘을 조직하고 동원하여 건축의 질을 높이기 위함이다.

집단 심의제는 건축에 대한 당의 구상과 의도를 철저히 구현하며 인민 대중의 지향과 요구를 원만히 실현할 수 있게 하는 것을 기본으로 한다.

심의구성원들은 건축가를 도와주어 설계를 더 훌륭히 완성하는 방향에서 의견을 나누고 토론해야 한다. 그래야 심의 위원회가 자기의 사명과 임무를 원만히 수행할 수 있다. 이것은 국가심의위원회를 조직하는 목적에도 맞는다. 정책적 심의를 잘하기 위해서는 심의성원들이 대상에 대한 당의 요구를 깊이 파악하여야 한다 […]. 설계에 대한 기술적 심의는 건축계획에 대한 심의며 그 실용성과 조형 예술성, 구조적 합리성에 대한 심의다.

심의구성원들이 풍부한 창작경험을 소유해야 건축 형성에서 잘못된 것을 찾아낼 수 있으며 설계를 더 잘 다듬고 완성할 수 있다. 건축 설계에 대한 심의에서 중요한 것은 주관주의와 형식주의를 철저히 극복하는 것이다. 심의구성원들이 설계를 주관주의적으로, 형식주의적으로 심의하면 설계에서 잘못된 것을 바로잡을 수 없으며 국가에 막대한 손실을 줄 수 있다.

건축 설계에 대한 집단심의를 할 때에는 시각적으로 눈길을 끄는 외형에만 치우치지 말고 평면 계획, 단면 계획, 구조 해결의 가능성을 비롯해 건축 설비의 적용, 시공의 용이성, 건재의 적용 조건, 경제성에 이르기까지 구체적으로 따져 보아야 한다.

심의구성원들이 심의에 제기된 대상을 한번 돌아보고 평가하는 것과 같은 현상이 나타나지 않도록 해야 한다. 심의구성원들은 한 가지를 지적하기 위해 열 가지, 백 가지로 따져보고 건축가의 창작 작업에 도움을 줄 수 있도록 현명한 의견을 주어야 하며 결함을 극복할 수 있는 여러 가지 대안을 제시해 주어야 한다. 심의구성원들은 자기의 의견만을 고집하면 안 된다.

심의에서 제기된 문제에 대해서는 심의구성원들이 모여 앉아 허심탄회하게 토론하고 협의하여 학술적으로, 원리적으로 의견일치를 보아야 한다. 전체적으로 합의된 내용은 심의 결과로 발표하고 법으로 제정해야 한다. 그렇게 하지 않고 심의구성원들이 제각기 자기 의견을 건축가에게 주면 건축가가 갈피를 잡을 수 없게 되며 심의의 집단성을 보장할 수 없게 된다.

중요 대상 설계에 대해서는 권한을 가지고 있는 한두 사람이 자기의 취미에 따라 마음대로 결론낼 수 없도록 엄격한 제도와 질서를 세워야 한다. 또한 개인이 집단심의에서 합의된 의견을 무시하고 직권을 남용하여 자기의 주관적 의견만 내세우는 행동을 하지 못하게 해야 한다.

집단심의는 설계에만 머물러서는 안 되며 건축이 완공될 때까지 계속 진행해야 한다. 설계 단계에서는 평면도, 단면도, 입면도, 투시도의 범위를 벗어나지 못하므로 설계 단계에서만 심의를 해서는 건축적 해결에 대해 전반적으로 원만하게 심의할 수 없다.

기술 설계 단계에 들어가 모든 방의 세부 설계를 비롯해 마감 처리까지 계속 구체적으로 심의하고 건설 중인 건축물도 건설현장에서 심의하면서 미숙한 점을 끊임없이 다듬어 주어야 건축물을 훌륭하게 완성할 수 있다.

완성된 설계는 그 누구도 변경시킬 수 없는 법적 문건이다. 개인이 완성된 설계를 제 마음대로 고치자고 하는 것은 치외 법권적인 행위다. 만일 설계를 부득이 고쳐야 할 때에는 법적 절차를 밟아야 한다.

엄격한 창작 총화 제도를 세워야 한다. 창작 총화는 건축가들을 깨우쳐 주고 잘못된 것을 바로잡아 주며 그들의 정치 실무적 자질을 높여주는 데서 매우 중요한 의의를 가진다.

고압 전기선 위에 있는 두 명의 남성이 찍힌 잡지 '조선'의 표지 (no. 9-2010).

다른 나라에서 이미 건설된 것을 모방하는 것과 자본주의 나라에서 유포되고 있는 반동적 건축 유파의 사상적 요소가 나타났을 때에는 집중적인 타격을 주어야 한다. 건축가는 건축에서 좋은 것은 따라 배우며 잘못된 것은 극복해 나가면서 새로운 혁신과 전진을 가져오기 위한 투쟁을 힘 있게 벌여야 한다.

창작 지도의 집단성을 보장하는 데서 대중적 통제를 강화하는 것이 또한 중요하다.

각계 각층의 의견을 광범히 듣기 위해서는 군중적 합평회를 널리 조직하고 그들을 여기에 적극 참가시켜야 한다.

건축 창작 지도에서 집단성을 보장하고 건축가들의 사회적 교양을 강화하기 위하여서는 건축가 동맹의 역할을 높여야 한다. 건축가 동맹의 가장 중요한 사업은 동맹원들에 대한 사상 교양 사업을 실속 있게 밀고 나가는 것이다.

건축가 동맹은 전국적 범위에서 현상 설계 사업을 계획적으로 조직하며 국제적으로 진행되는 건축 공모전에 우수한 작품을 출품하는 사업을 잘 조직하여 동맹원들의 창작 의욕을 높여주어야 한다. 건축가 동맹은 동맹원들의 설계 급수별로 설계 현상 모집 사업, 건축 작품 경연 대회 같은 것도 따로 조직하여 그들의 창작적 의욕과 자질을 높여주어야 한다.

건축가 동맹은 건축 창작에 대한 사회적 관심

주체사상탑 앞 여성 공연수의 리허설 (2009).

김씨 부자가 평양시의 건축 모형을 바라보고 있다. 아들 김정일이 건물을 약간 오른쪽으로 움직이고 이를 아버지가 지켜보고 있다.

을 높이기 위한 사업도 잘해야 한다. 건축가 동맹에서는 근로자들 속에 들어가 건축에 대한 문제를 가지고 강연회도 자주 조직하고 출판물을 내고 전시회도 조직함으로써 건축 창작에 대한 사회적 관심을 높여 건축 창작이 인민의 높은 관심 속에서 진행되도록 해야 한다.

건축가 동맹은 국가적으로 중요한 기념비적 건축 사업이 제기될 때에 반드시 현상 설계 모집 사업을 조직하며 여기에 유능한 건축가들이 의무적으로 참가하도록 해야 한다. 설계 현상 모집에 출품된 건축 작품은 광범위한 근로자들의 의견을 받도록 해야 한다.

건축가 동맹은 국제 건축가 동맹을 비롯한 다른 나라 건축가 동맹과 건축 교류 사업을 활발히 벌여 우리의 주체적인 건축 사상과 이론을 널리 소개, 선전하며 다른 나라의 앞선 건축 성과를 제때에 받아들이기 위한 사업을 잘해야 한다.

4.3 건축사업에 대한 당적 지도를 강화해야 한다

노동 계급의 당은 건축사업을 확고히 틀어쥐고 그에 대한 당적 지도와 통제를 끊임없이 강화해야 한다.

건축사업에 대한 당의 영도 체계를 철저히 세워야 한다. 그것은 건축가들 속에서 당의 건축 창작 방침을 무조건 접수하고 철저히 옹호 관철하는 혁명적 기풍을 세우며 당 중앙의 유일한 지도 밑에 건축 창작 활동을 벌여 나간다는 것을 의미한다.

당 조직들은 건축가들 속에서 나타나는 공명주의, 형식주의, 예술지상주의, 모방주의를 비롯한 불건전한 창작 태도를 제때에 극복하기 위해 힘 있는 투쟁을 벌여야 한다.

통일거리의 아파트 블록 (2005)

통일거리의 아파트 블록 건설 현장 (c. 1989). (라 콘스트럭티온 앙 꼬레, 평양 1991에서 발췌).

건축예술론

김정일 장군이 주체사상탑 (대리 종교)을 배경으로 함동백꽃 (인민) 사이에서 포즈를 취하고 있다

사진 속의 사진: 검은 옷을 입은 네 명의 여인들이 행복한 인민들 사이의 김일성을 보여주는 '위대한 수령'의 초상화 앞에서 포즈를 취하고 있다

도시 선전
초상화와 포스터

필립 뭬제아 Philipp Meuser

북한을 방문하는 이는 곳곳에 널린 정치 선전을 피해 갈 수 없다. 그것은 수난 공항에 도착하거나 평양 중앙역에 도착한 순간부터 시작된다. 거대한 게시판, 인물보다 더 큰 동상, 과대화된 꽃의 이미지가 거인의 꽃 침대를 채운다. 그 양식은 소련, 중국이나 다른 사회주의 국가들이 경제 개혁을 꾀하기 전과 유사하다. 북한 공산주의 경제에서 상업적인 광고를 배제하는 것은 슬로건이나 도덕 규칙으로부터 나오는 거의 마법과 같은 권력의 인상을 강화시킨다.

큰 포스터 예술의 역사는 거의 100년을 거슬러 올라가 20세기 초반으로 가는데, 산업화가 도시의 성장을 급속도로 촉진시켰고, 라디오나 텔레비전을 통한 매스 커뮤니케이션이 나타나기 시작하기 전이었다. 이러한 상황에서 러시아 구성주의자들은 정치 지도자들이 곧 그들의 목적을 위해 이용하기 시작한 예술 장르로 발전시켰다. 스탈린부터 무솔리니나 히틀러에 이르기까지 유럽의 독재자들은 스튜디오에서 만들어진 정치적 색이 강한 포스터를 행진이나 대로로 가져왔다. 마오가 중국 포스터 작가들에게 그의 사상을 선전하도록 위임하면서 그래픽 예술이 아시아에 들어왔고, 얼마 되지 않아, 베트남과 북한도 그들의 도시 선전 캠페인을 시작하였다. 포스터의 강렬한 색상과 형상으로, 예쁘게 장식된 전체주의 집권의 슬로건들은 과거에서 온 유물로 오늘날 미술시장에서 거래되고 있다. 그러나 북한에서는 그렇지 않다. 여기서 그림은 좀 더 씁쓸한 현실의 일부로, 끊임없는 선전 기계의 산물이다.

그것들의 효과는 거의 비정상적이다. 그것들의 맹공격 아래에서, 관찰자들은 이름 없는 거대한 존재 앞에서 작고 무기력하게 느끼게 된다. 인상적인 포즈와 얼굴은 의미의 정교한 체계화에 기초한다. 군사적 주제를 다룰 때 -'제국주의와의 싸움'에 대한 변함없는 언급과 함께- 붉은 색상이 전형적으로 사용된다. 일상생활의 장면은 덜 공격적인 수단을 통해 묘사된다. 가끔 같은 주제가 다른 의미를 전달하기 위해 재활용되기도 한다. 이러한 선전 유형에서 김일성과 김정일의 두 정치적 지도자는 변함없이 그들을 상징하는 꽃의 상징에 의해 재현된다는 것은 인상적이다. 그것은 그들의 실제 얼굴이 나타나는 거대한 모자이크 벽화에서만 볼 수 있다.

각각의 포스터와 모자이크는 수많은 아틀리에의 1,000여 명의 화공에 의해 생산된다. 그들은 익명으로 그들의 창조성을 표현하고 있을지 모른다는 낭만적인 개념은 현실과 아무런 연관이 없다. 각 예술가는 집단적 예술 작품에 한 픽셀 정도로만 이바지하는 것으로, 이는 수천 명의 연기자가 색이 칠해진 판을 들어올려 2시간 동안 펼쳐지는 안무의 배경을 만드는 아리랑 공연과 비슷한 것이다.

천리마거리의 새로운 커튼월 건물 앞 소녀들(1971).

도시선전

액자가 된 초상화: 일본 점령기 동안 국가의 영웅인 김정일 모친.

남포를 떠나며: 말끔한 전투 복장을 입은 김일성과 그의 아내.

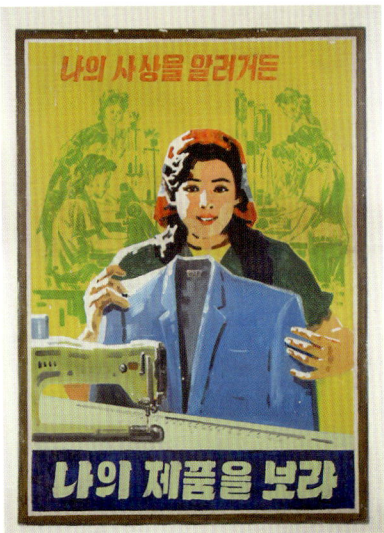

중국으로 수출하는 옷을 생산하는 섬유 공장의 재봉실.

모두다《고난의행군》정신으로 살며 투쟁하자!

우리식사회주의
필승불패

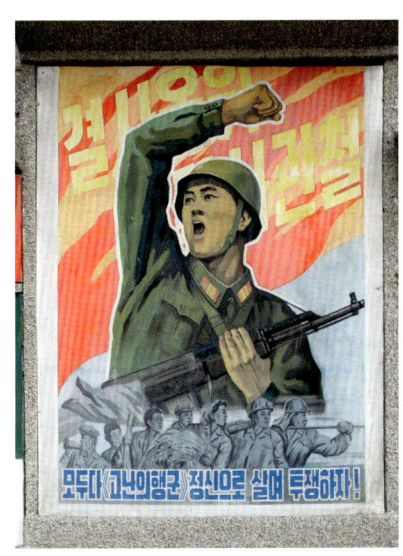

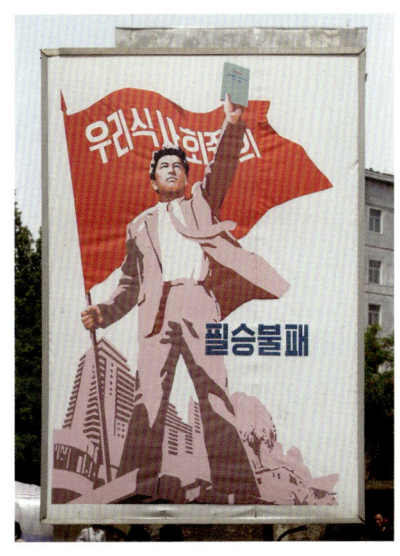

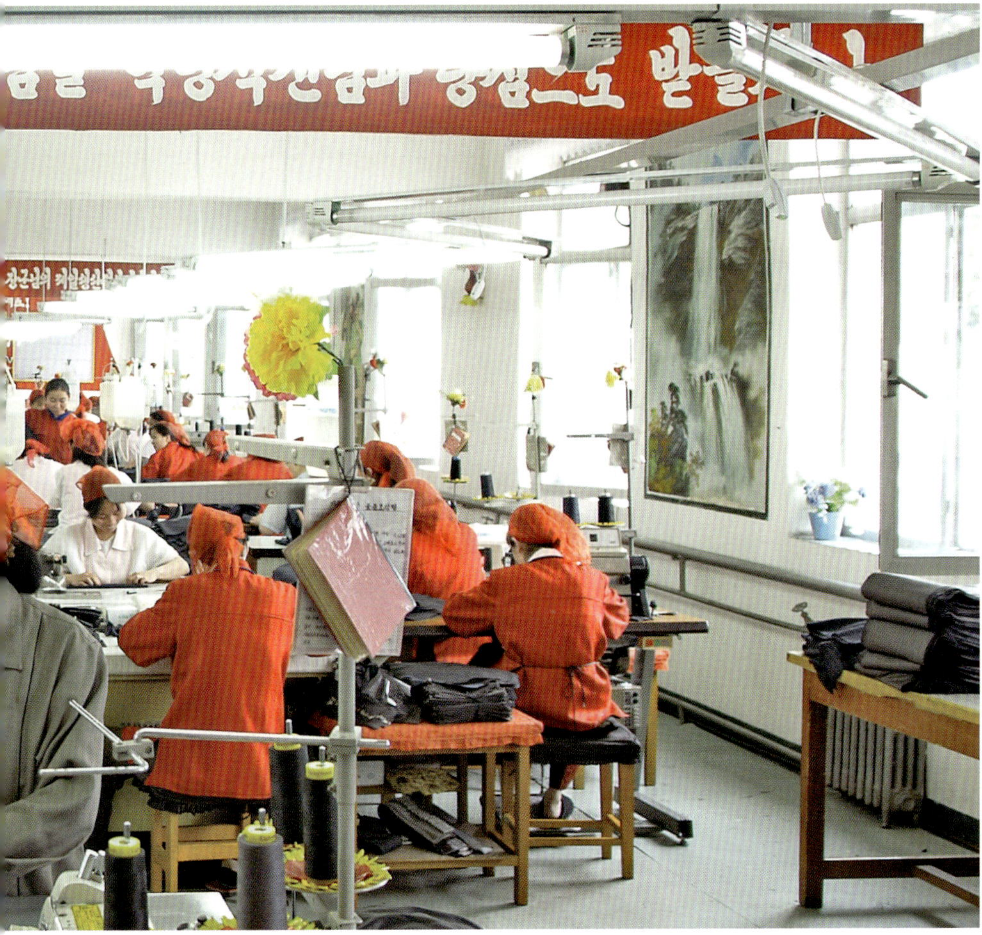

004

218
219

도시선전

평양의 광고판 (2010).

도시 선전

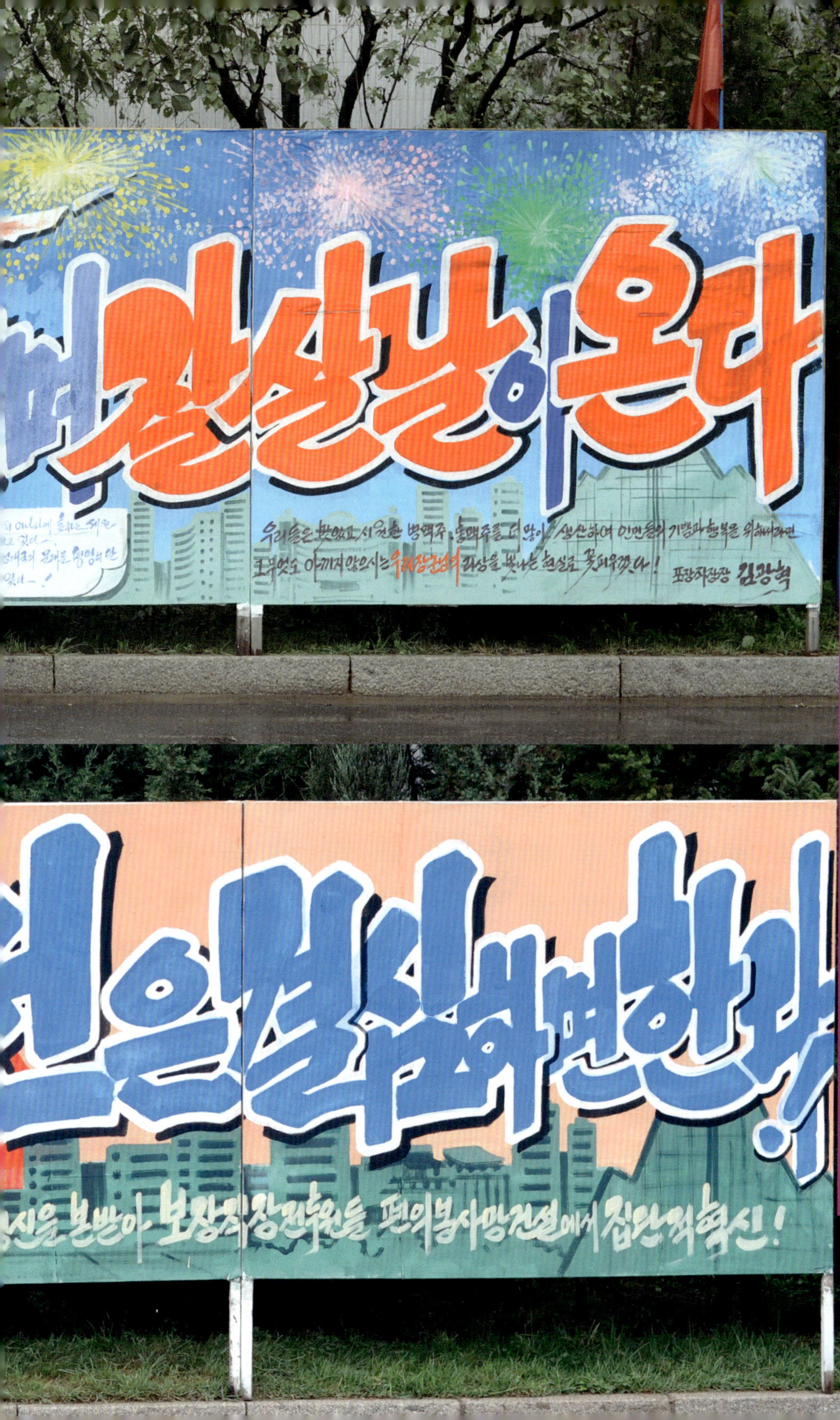

2

사진설명

도시 계획

살림집

문화 시설

교육 및 스포츠

호텔 및 백화점

교통 시설

기념물

부록

도시 계획

살림집

문화 시설

교육 및 스포츠

호텔 및 백화점

교통 시설

기념물

도시 공간 속 축의 역할

평양은 여러 축으로 구성되어 있는데, 가장 중요한 축은 김일성 동상에서 공산당 창립을 기념하는 기념탑까지 이어지는 축이다. 대동강을 가로질러 확 트인 시야가 이 두 기념물을 연결한다.

228
229

도시계획

도시 축 상의 주요 건물들

만수대 대동상, 인민대학습당, 주체사상탑, 개선문, 당 창건기념탑, 만수대의사당과 같은 대형 건물들과 기념물들이 주요 도시 축을 따라 있다. 다른 중요한 공공건물들은 주요 대로를 따라 인근에 있다. 평양학생소년궁전, 만수대예술극장과 분수공원, 평양대극장, 옥류관, 인민문화궁전과 같은 건물들이 여기에 포함되며, 이들은 민족건축 양식을 따르고 있다. 평양은 주체사상과 북한 국가 정체성을 바탕으로, 사회주의 도시 모델의 특징을 모두 지닌다.

230
231

도시계획

232
233

도시계획

광복거리
1989

광복거리는 정임다리에서 시작하여 도로가 만수대를 향해 굽는 지점에 이른다. 이 지점은 김일성이 태어난 곳이라는 연유로 '혁명의 요람'이라 불린다. 1989년에 건설된 이 도로는 평양의 도시 중심, 만경대, 룡악산의 유원지 사이를 연결하는 주 도로다. 광복거리는 노대형 계단식 살림집과 공공건물뿐만 아니라, 14층 아파트들로 연결된다. 광복거리의 개발은 전반적인 건축적 조화를 확보하는 표준을 디자인하고 설계하기 위해 이루어졌다. 광복거리의 주요 공공건물들은 만경대학생소년궁전, 평양곡예단, 청년호텔, 향만루, 광복백화점, 청춘관을 포함한다. 이 건물들은 고층 건물들처럼 도로에서 떨어져 있고, 주택 구역 뒤에 있지만 도로에서부터 확연히 보인다.

234
235

도시계획

통일거리
1993

통일거리는 낙랑다리에서 낙랑 중심 구역에 이른다. 넓은 녹지로 둘러싸여, 수많은 작은 도로들이 주 도로에서부터 갈라져 나온다. 10, 18, 40층의 거대한 살림집 구역들은 각각 수백 채의 살림집들을 포함하는데, 통일거리에 있다. 이 구역들 사이에는, 30층의 노대형 계단식 살림집들이 규칙적인 간격으로 놓여, 구역들 사이에 충분한 오픈 스페이스를 남기며, 리듬감과 다양성을 부여한다.

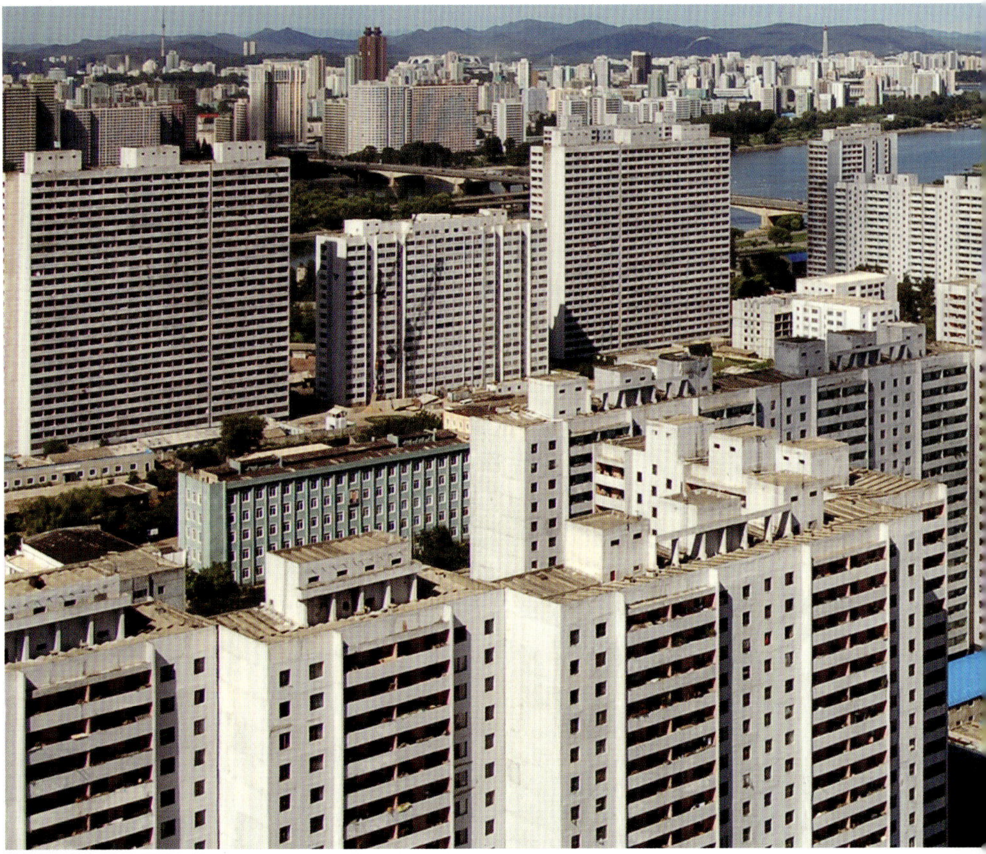
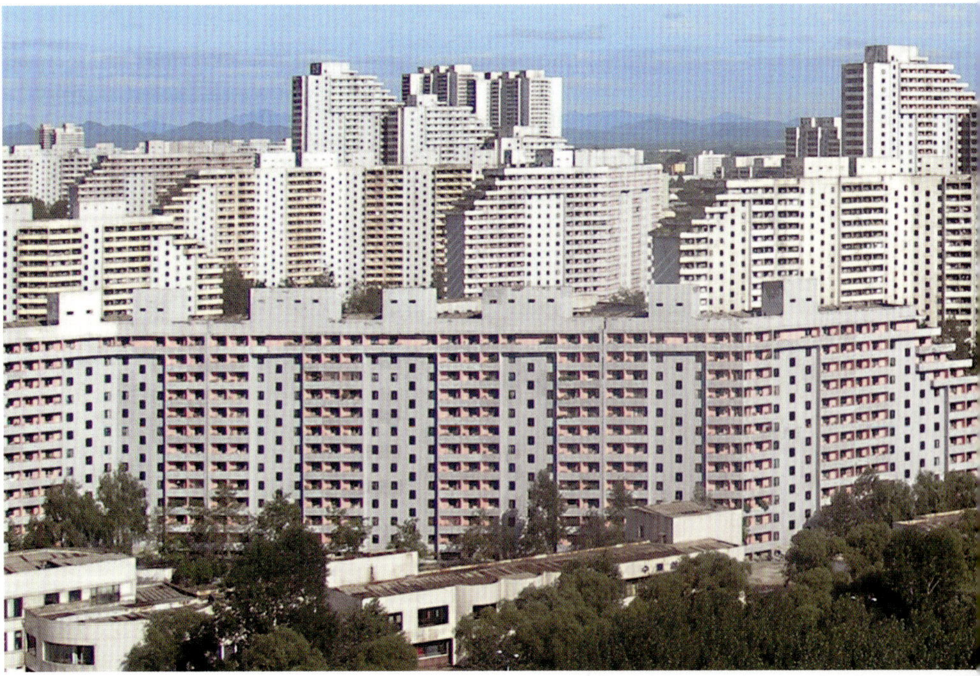

도시계획

승리거리

1953

승리거리는 평양 교통의 주 동맥이다. 승리거리의 중심에서 도로는 거대한 김일성광장을 형성하기 위해 넓어진다. 수많은 인상적인 구조물들이 이 도로를 따라 보이는데 여러 공공건물이 여기에 포함된다. 이는 만수대 대동상, 조선혁명박물관, 인민대학습당, 만수대예술극장, 평양대극장, 평양학생소년궁전, 제1백화점, 아동백화점이다. 10, 12, 15층의 살림집들이 언덕과 도로의 측면의 눈에 잘 띄는 곳에 지어졌다.

도시계획

《《 창광거리
1985

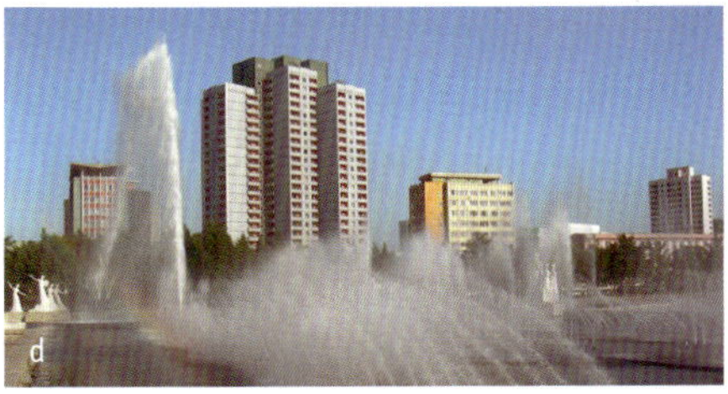

평양 중앙역에서 보통문에 이르는 대로에는 수천 세대를 위한 10, 20, 30, 40여 층의 주거 단지들이 줄지어 있다. 고려호텔, 보육원이나 학교를 포함한 수많은 사회 인프라 시설들 역시 이 도로를 따라 위치해 있다. 약간의 경공업 시설도 있다. 다양한 높이와 색상으로 이루어진 건물들은 높은 도시 밀도에도, 활기차고 조화로운 환경을 이룬다. (a–e)

⋁ 천리마거리
1953

천리마거리는 보통문에서 청송다리까지 연결된다. 8, 10, 12, 15, 25층의 타워형 살림집 구역이 늘어서 있다. 또한 평양체육관, 인민문화궁전, 창광원, 청류관, 빙상관, 창광산호텔과 다른 공공건물들이 이 도로에 있다.

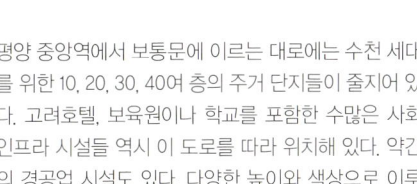

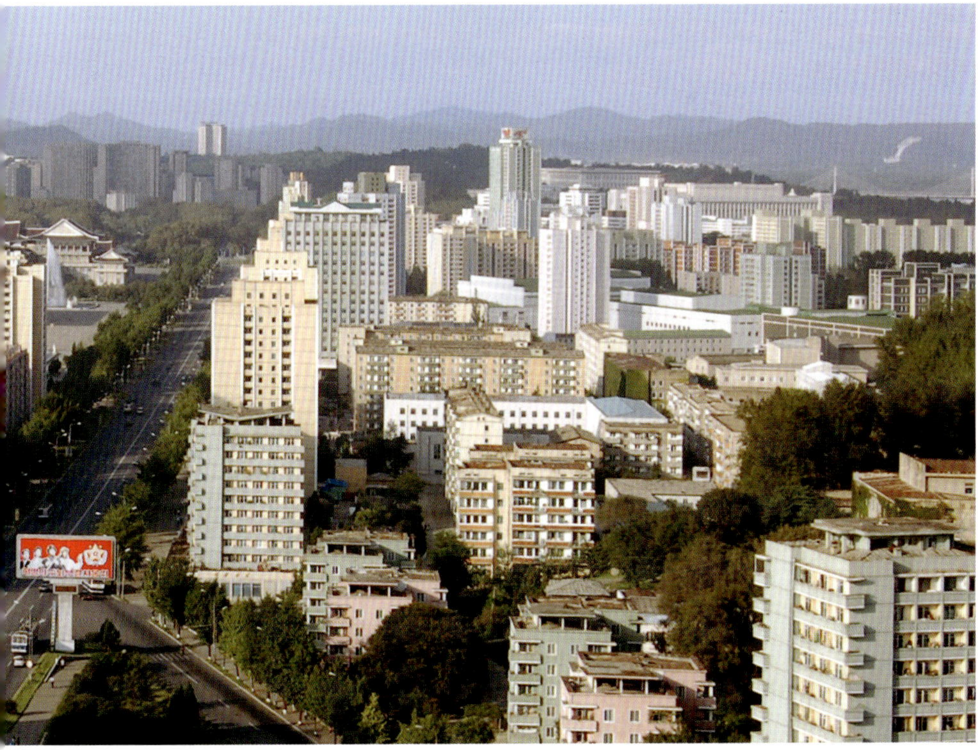

⌐《ㅊ문수거리

1983

008

만수언덕 위의 대동상 앞에는 거대한 광장이 있는데, 넓은 살림집 구역을 가로지르면서 문수거리의 중심점을 형성한다. 이 구역은 12, 15, 18층의 건물들로 약 17,000채의 살림집이 조성되어 있다. 동대원 거리에 직각으로, 대동강 기슭을 따라, 당창건기념탑, 과학자숙소, 동평양대극장, 청년중앙회관, 평양볼링관과 다른 수많은 기념 건물들과 사회 인프라 시설들이 있다.

룡남산거리 ⌐

2000

009

룡남산거리를 따라, 총면적 5,000㎡의 1,000여 살림집 구역과 여러 공공건물이 있다.

만수대거리

2009

2008년 7월 평양 중심 보통강 일대에 대대적인 살림집 개발이 착수되어 완공까지는 1년도 채 걸리지 않았다. 다층 주택으로 이루어진 건물의 나열들이 이 개발의 특징이다. 이들 중 일부는 계단형 입면이나 밀집형 평면으로 이루어지고, 다른 일부는 6층의 원통형으로 구성된다. 주로 옅은 회색 및 약한 음영의 녹색과 적색의 색상을 사용했다. 작은 공원을 비롯해 공공시설과 서비스 시설들이 이 풍경을 완성한다. 오래된 거주 구역들을 바꾸는 이 개발은 880세대에 최대 170㎡의 면적을 주거용으로 제공한다. 이전 거주민들은 주로 노동자, 과학자, 예술인, 지식인들로 구성되었고, 이곳에 무상으로 살았다.

전통 요소들과 결합한 현대적 대형 아파트는 높은 기준을 가지고 모두 자동온도 조절장치와 이중 유리가 갖추어져 있다.

도시 계획

살림집

문화 시설

교육 및 스포츠

호텔 및 백화점

교통 시설

기념물

⌄ 광복거리 살림집 구역 개발

30층의 살림집 건물들을 각각 1,440㎡의 원형 평면으로 구성되어, 총면적 46,960㎡를 제공한다.

⌃ 광복거리 살림집 구역 개발

이 건물들에는 각각 세 개의 윙이 있고, 평면은 1,351㎡로 구성되어, 30층 높이까지 올라간다. 또한 420세대로 이루어지고, 총면적 40,000㎡를 보유한다.

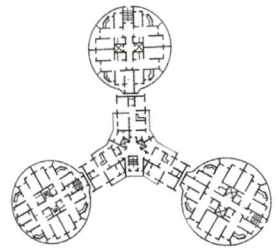

광복거리 살림집 구역 개발 »

육각형 평면으로 이루어진 5개의 연결된 타워들은 각 33층 또는 42층으로 구성된다. 공공 인프라 시설들이 건물의 저층부에 모여 있다.

250
251

살림집

⌄ 광복거리 살림집

5층 건물의 입면은 계단형이다. 복층형 아파트는 5개의 방으로 구성되는데, 두 개의 방은 아래층에, 나머지 세 개의 방은 위층에 있다.

⌄ 창광거리 고층살림집

이 20층 타워는 287㎡의 평면으로 구성되어, 모두 총 6,025㎡로 이루어진 살림집이다. 각 세대는 발코니를 가진다.

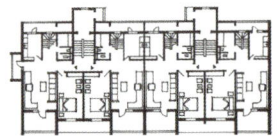

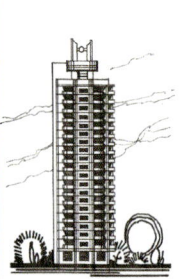

«통일거리 살림집 구역

이 건물의 평면은 병풍을 닮았다. 길이는 340m며, 15개의 분리된 입구가 있다. 총면적 7,6300㎡, 18층으로 되어있다. 많은 아파트들이 개별 발코니를 가진다. 공공 인프라는 저층 건물들에 위치한다.

ˇ창광거리 살림집 구역

이 살림집 구역들의 밀집 형 입면은 창광거리를 따라 뻗어 나간다. 5,828㎡, 15층 건물로 이루어졌는데, 총 87,423㎡다.

ˆ통일거리 살림집 구역

이 살림집 구역의 계단식의 지붕선은 디자인요소로, 20, 25, 30층의 세 윙이 연결된다. 많은 아파트에 개별 발코니나 지붕 테라스가 주어진다.

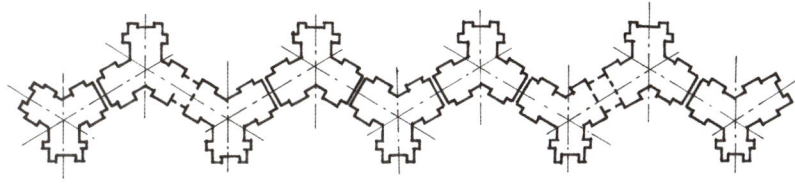

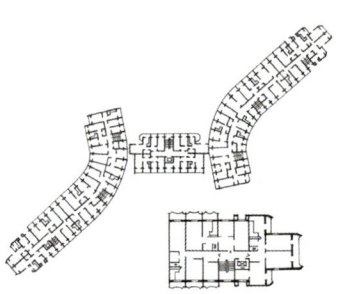

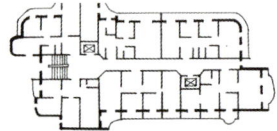

⌃ 북새구역 고층 살림집

이 살림집 타워는 27개 층으로 구성되며, 각 평면은 512 m²의 면적으로 이루어진다. 총면적은 16,425m²다.

⌃ 북새구역 쌍둥이 살림집 건물

곡선 평면으로 이루어진 두 개의 30층짜리 살림집 건물은 20층짜리 다른 건물로 연결된다. 그것들은 각 층 평면이 2,433m²의 면적으로 구성되고 총면적 69,040 m²로 이루어진다.

문수거리 살림집 구역 ⌄»

문수거리 살림집 구역의 계단형 지붕선은 바람에 휘날리는 깃발을 연상시킨다. 색상은 옅은 녹색을 기본으로 한다. 건물의 평면은 1,604m²로 구성되며 총면적 20,853m²다.

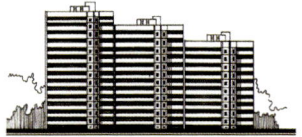

☆» 문수거리 살림집 구역

이 살림집 구역은 똑같은 디자인의 건물들이 서로 연결되어 구성된다. 각 평면은 2,641㎡로 총면적은 34,856㎡다. 대부분의 아파트에는 개별 발코니가 있다.

도시 계획

살림집

문화 시설

교육 및 스포츠

호텔 및 백화점

교통 시설

기념물

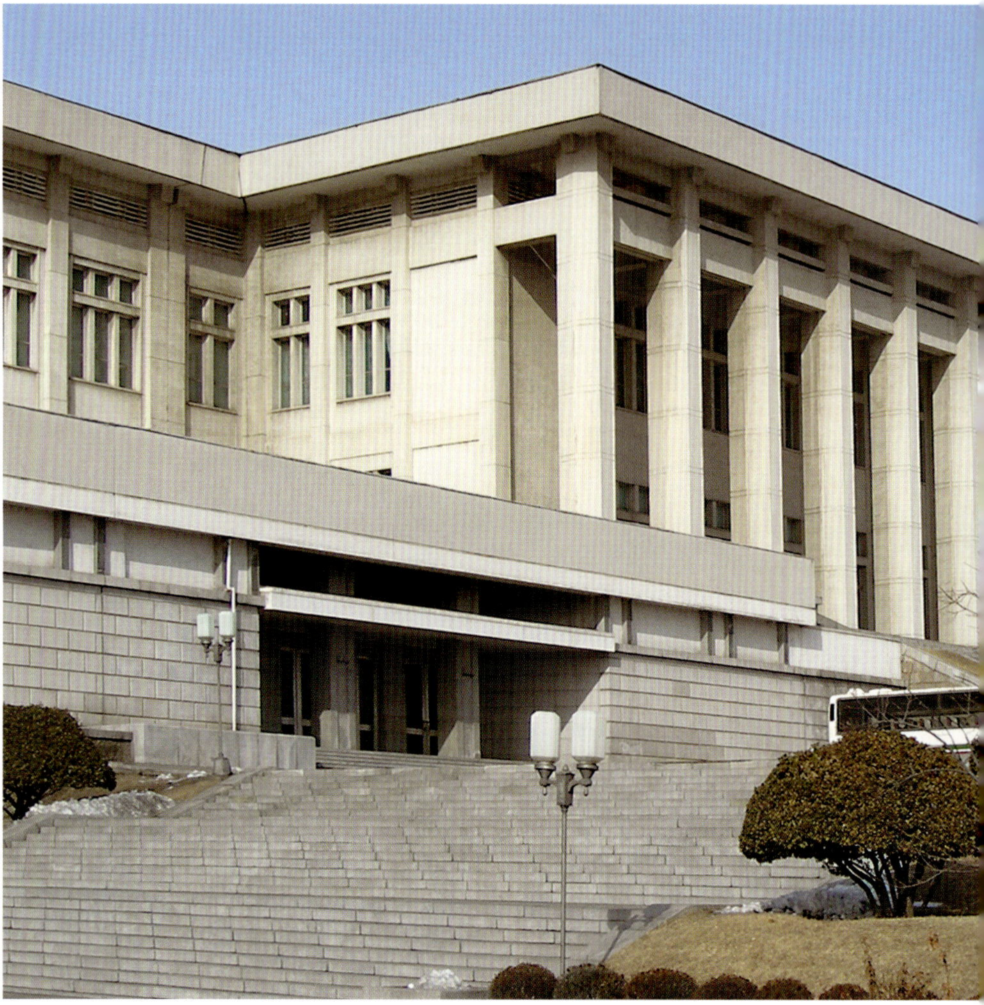

조선혁명박물관

1972

023

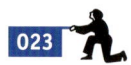

만수언덕의 박물관은 대형 회의장, 영사실, 90개의 전시실, 여러 다양한 규모의 180도 파노라마관으로 구성된다.

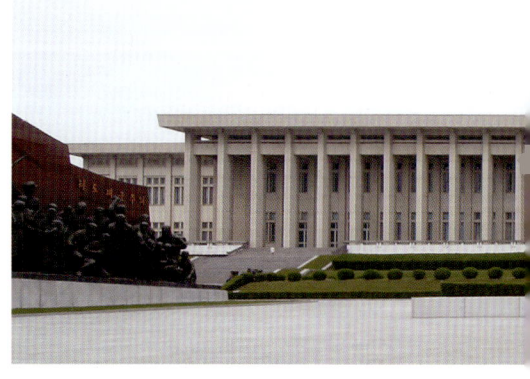

258
259

문화시설

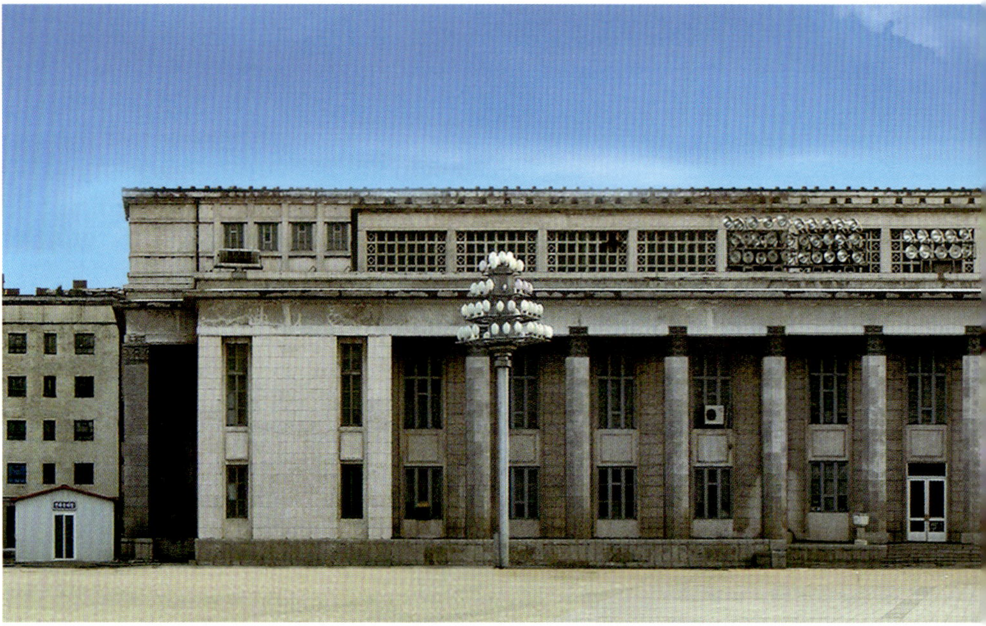

»» 김일성화 김정일화 전시관
2002

김일성화 난과 김정일화 베고니아는 김일성과 김정일의 이름을 딴 혼종 품종이다. 김일성화와 김정일화를 위한 거대한 지구라트 형상의 전시관에는 해마다 화훼 전시회가 열리는데, 동평양대극장 앞의 대동강에 위치한다.

⌃ 조선미술박물관
1960

김일성광장의 남측, 신고전주의 형식으로 지어진 대동강 근교의 건물 안에는 고대와 현대의 북한 예술이 전시되고 있다.

문화시설

김일성화, 김정일화 전시관

조선중앙역사박물관
1960

조선중앙역사박물관은 1945년 12월에 설립되었다. 1960년 대동강 근교의 김일성광장 북쪽에 준공되어, 1977년부터 신고전주의 양식의 기념적인 건물이 되었다. 그 이전에는 소장품들이 모란언덕 위의 건물에 전시되었다. 낮은 정방형의 블록은 넓은 현관 입구를 만든다. 넓은 입구는 모두 대리석으로 이루어졌고, 19개 전시실의 장식은 하나같이 모두 화려하다. 4천 개의 전시는 (주로 복제품들로) 회화, 의상, 무기, 보석, 모형 배, 동전을 포함하고, 총 10,429㎡의 면적에 배치되어, 석기시대부터 일제강점기(1905-1945)에 이르는 조선역사를 거슬러 올라간다. 요하네스 구텐베르크가 독일에서 인쇄기를 발명한 것보다 이전에 조선에서 발명된 금속활자의 견본이 특히 가장 중요하다.

김일성화 김정일화 전시관

3대혁명전시관

1992

1km²의 전시관은 순안거리와 룡송거리 교차점에 위치한다. 전시관은 기념 동상(높이 27.5m, 길이 58m, 너비 17.9m)을 포함하고, 6개의 건물에서 북한의 사상, 기술, 문화적 업적을 보여준다.

전시의 한 부분은 주체사상에서 영감을 받은 작품들을 전시한다. 네 개의 홀은 중공업과 경공업, 농업, 기술적 혁신을 다룬다. 전시홀은 두 개 층으로 이루어지고, 전자 산업관의 높이는 51.2m다.

⚖ 민주조선
1994

민주조선신문사 본사, 비파거리, 모란봉 구역에 있다.

≪ 국제통신센터
1989

보통강, 보통강거리의 둥근 모서리를 가진 고층 건물이다.

≽ 국가과학원 발명국
1999

비파거리에 있는 정면이 유리로 지어진, 단순한 건물이다.

문화시설

만수대의사당

1984

육중한 신고전주의 양식의 의사당은 평양 중심 만수언덕 위의 웅장한 대로인 만수대거리에 있다. 총 45,000 ㎡의 연면적에, 의사당(2,000석의 대형 본 회의당을 포함한)은 다양한 규모의 회의실들과 작은 휴게실, 응접실들을 수용한다. 첨단 회의 및 행사 기술 장비가 갖추어져, 실내 장식은 대형 샹들리에와 고급 카펫으로 이루어져 있다. 벽들은 거대 벽화로 장식되거나, 대리석, 화강암으로 덮여있다. 만수대의사당은 주로 북한 최고인민회의에 사용되지만 회의, 외교 행사, 기자 회견을 유치한다. 예약하는 외국 방문객에게 공개된다.

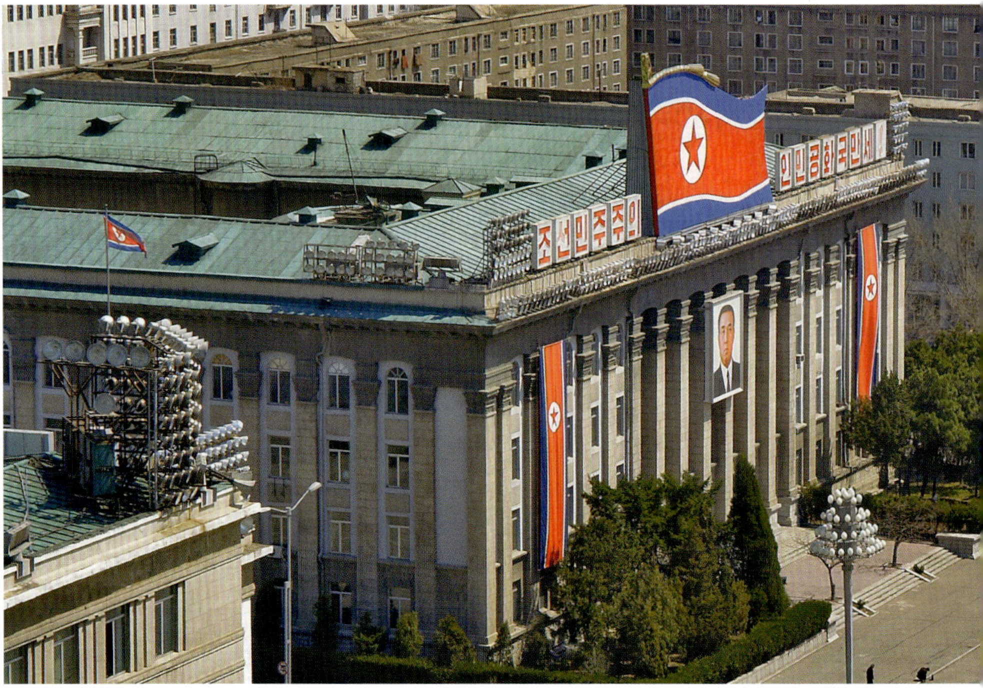
조선민주주의
인민공화국만세

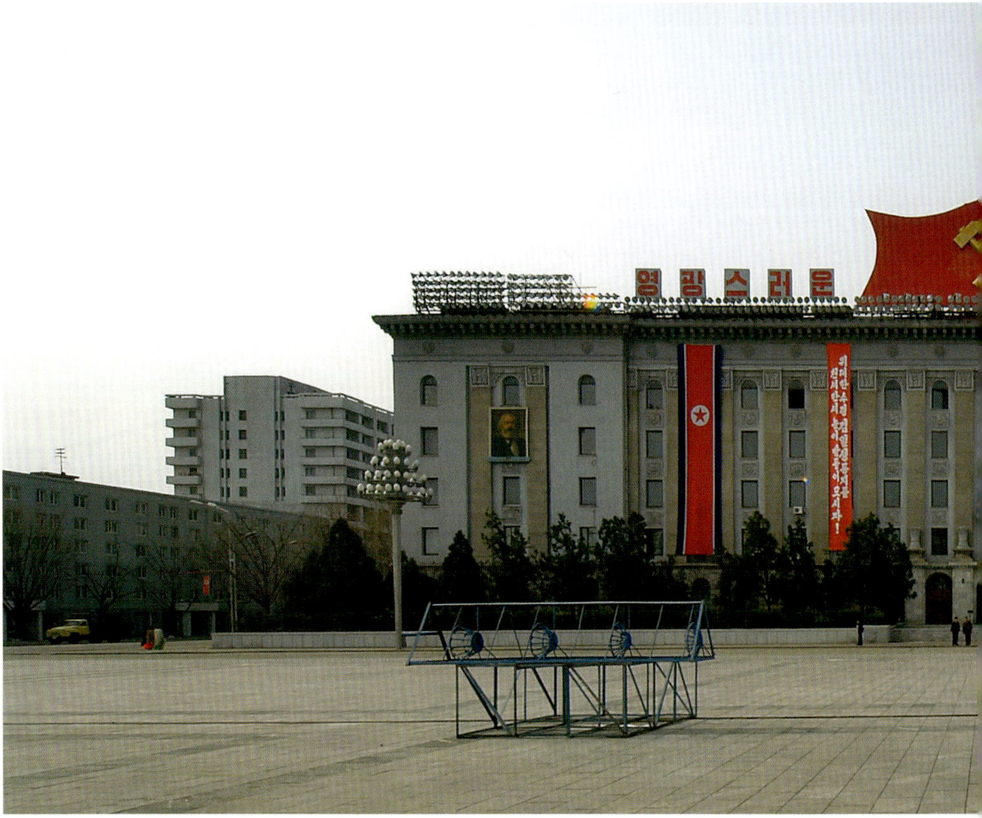
영광스러운

김일성광장 정부청사
1955

김일성광장의 북측과 남측의 신고전주의 양식의 건물들은 인민대학습당을 향하며, 정부 사무실들을 수용한다. 남측의 5층 건물에는 외교부가 위치한다. 입면 좌측의 현수막은 칼 마르크스의 초상화. 우측의 현수막은 블라디미르 레닌의 초상화. 북한 노동당의 붉은 기에는 망치, 낫, 붓이 그려져 있고, 이는 건물의 꼭대기에 걸려 있다. 북쪽 건물의 입구 위 현수막은 김일성의 젊은 시절 초상화고, 지붕의 기념탑에는 북한 국기가 걸려있다.

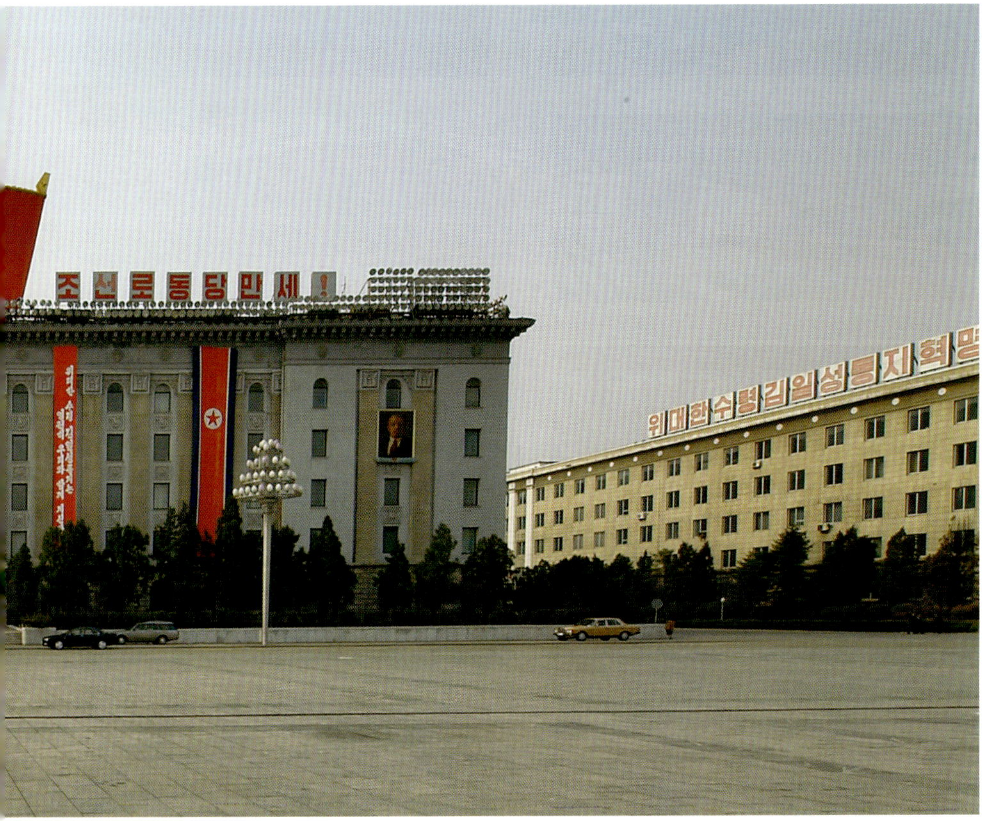

⌂ 기상수문국
1986

평양 중심의 해방산거리에 위치한 세 개의 윙으로 구성된 단지다.

⌂ 평양수예연구소
1978

보통강 혁신거리에 위치한 전통 양식의 건물이다.

« 평양국제문화회관
1988, 1993

이 건물은 1980년대의 포스트모던 양식으로 지어진, 용왕거리에 위치한 종합시설이다. 9층 건물과 15층 건물로 구성되었고 공연장은 600석 규모. 1992년 이후, 세계적으로 잘 알려진 독일에서 활동했던 작곡가 윤이상(1917-1995)의 이름을 따 윤이상 음악당이라 불린다.

⌐⌐ 4·25 문화회관
1975

넓은 계단이 4·25 문화회관으로 향해 놓여 있는데, 이 이름은 조선 인민군이 설립된 날짜에서 따온 것이다. 건축 양식은 신고전주의 양식과 민족주의 요소들을 결합한 것으로, 높은 벽기둥이 간소한 입면을 분절시킨다.

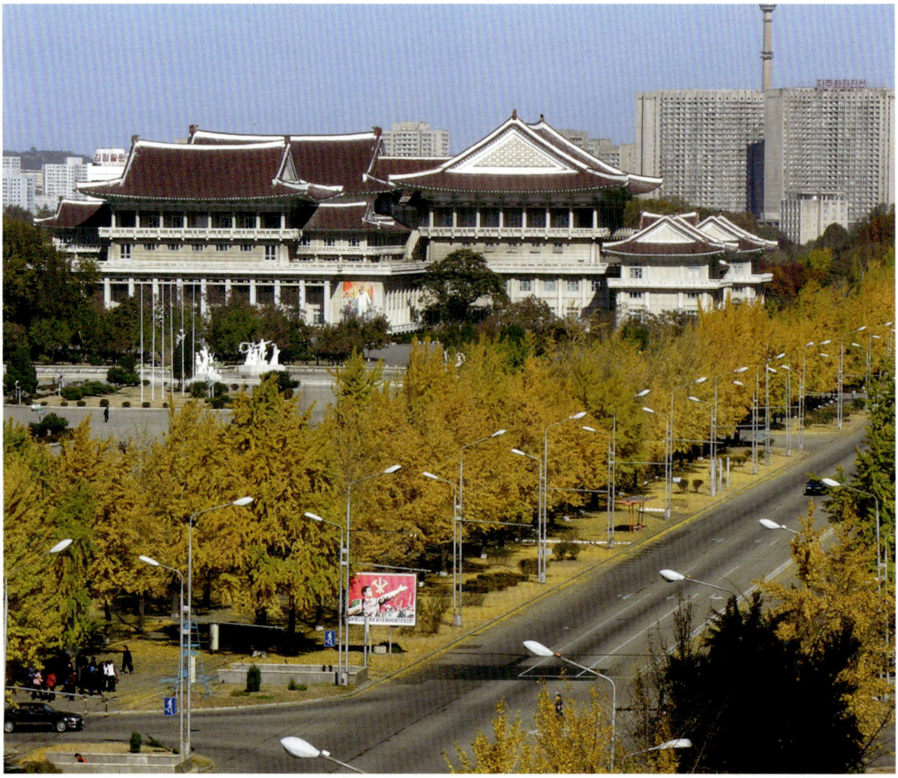

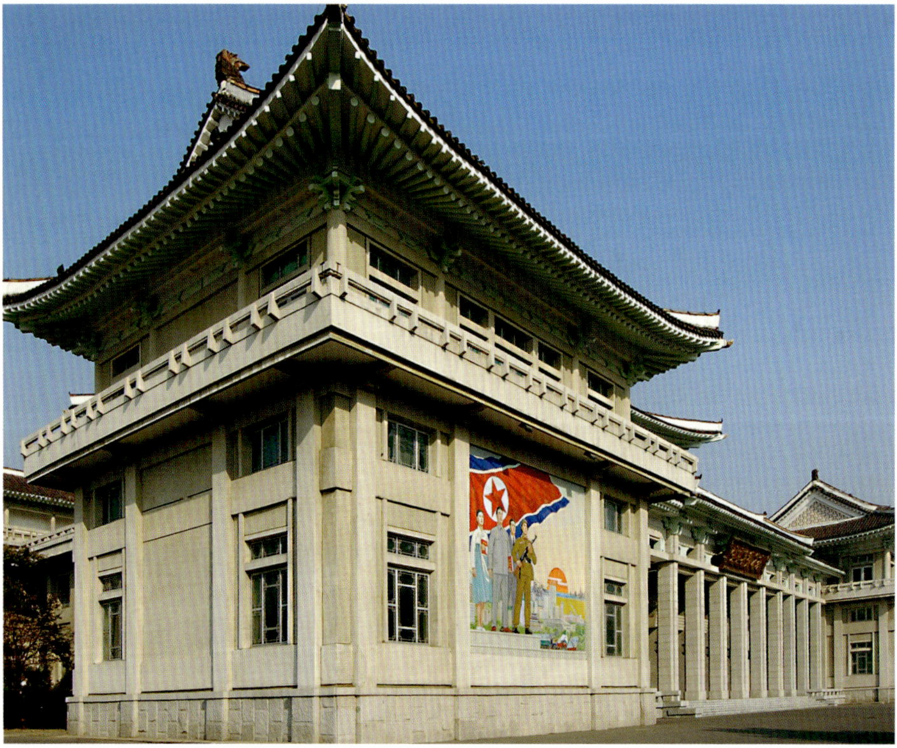

인민문화궁전
1974

인민문화궁전은 역사적으로 의미 있는 보통문 근처의 천리마거리에 있다. 보통문은 원래 6세기에 지어진 평양 중세의 서문으로, 1473년에 다시 지어졌다.

보통강 기슭에 민족주의 양식으로 지어진 세 개의 건물은 인민문화궁전의 종합시설을 구성한다. 전통적인 방식으로 기와를 놓아 만든 21개의 지붕으로 덮여 있다. 500개가 넘는 방들은 대략 60,000㎡의 연면적을 이루며, 인민문화 궁전은 국내 및 국제회의뿐만 아니라 모든 유형의 문화 행사들을 주최한다. 서로 연결된 세 개의 건물들에는 국제정상회의를 위한 대형회의실이 있는데, 여기에는 3,000석 규모의 거대한 홀과 700명을 위한 연회실, 다양한 용도를 위한 수많은 작은방, 회의실, 서비스뿐만 아니라 소형 영화 관람실도 있다.

평양대극장
1960 / 2009 (개보수)

민족주의 양식으로 지어진 건물은 승리거리와 용왕거리의 교차점에 위치하고, 2,200명까지 수용할 수 있다. 그리고 한번에 700명이 연주할 수 있고, 건물의 연면적은 30,000㎡ 이상이다.

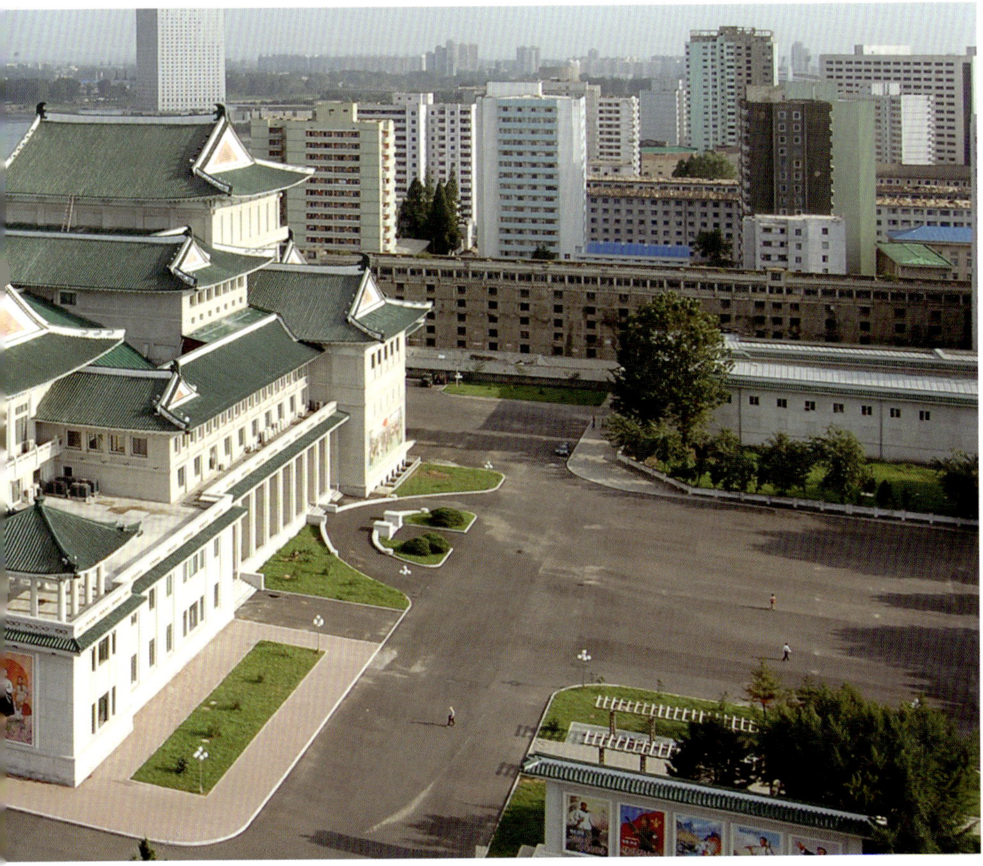

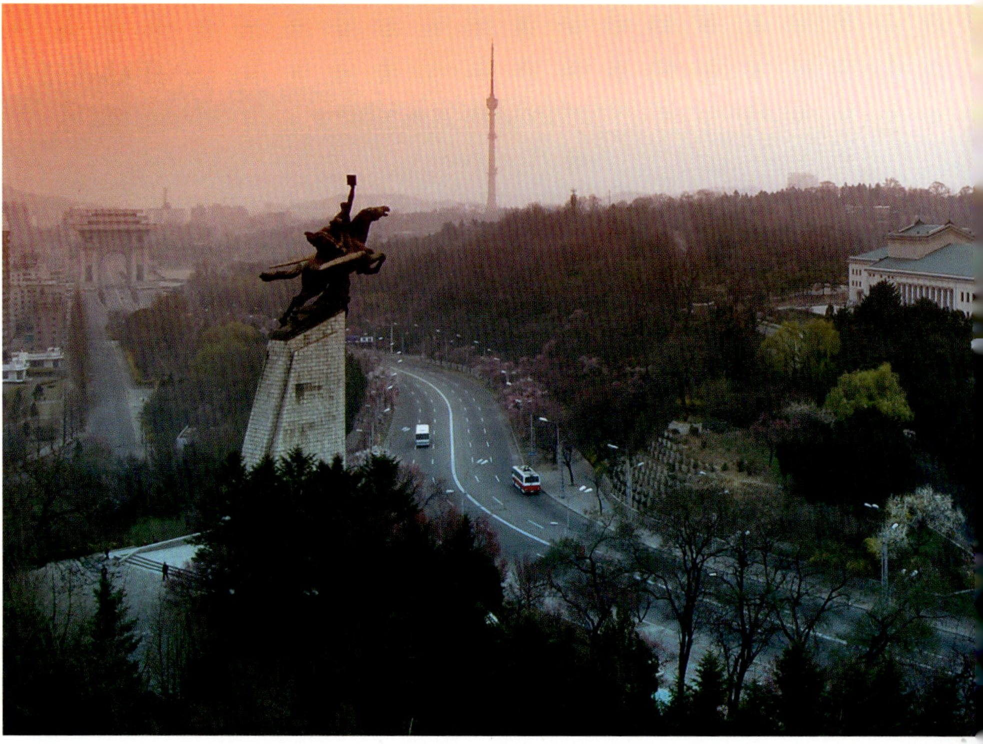

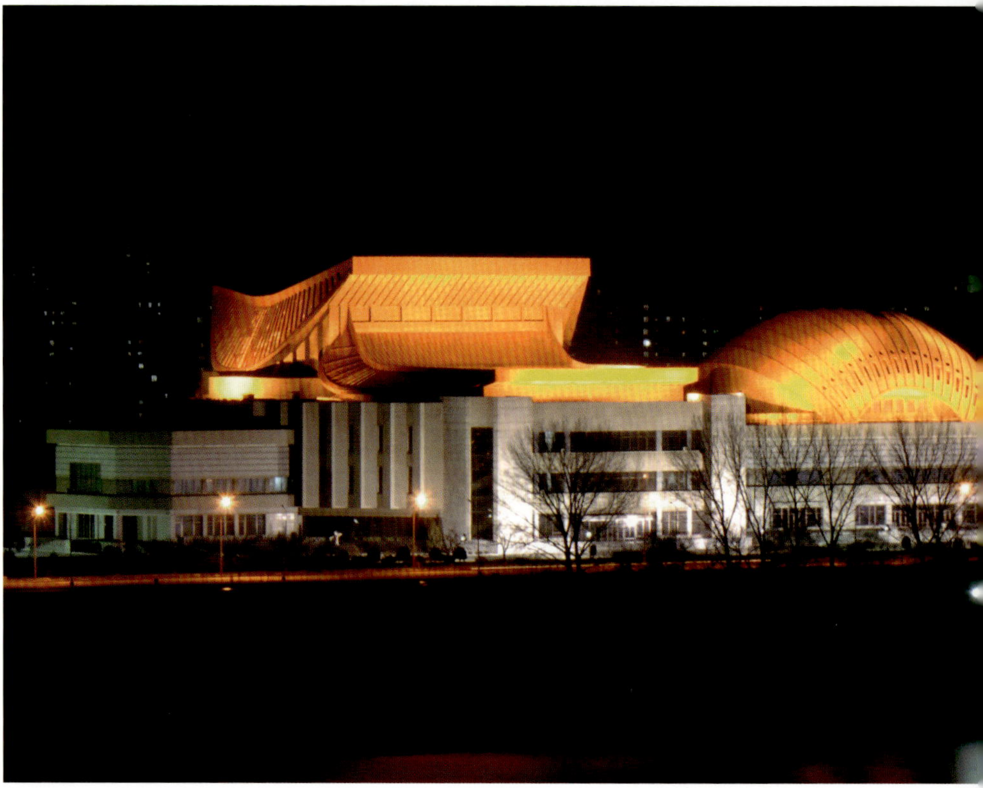

≪≊ 모란봉극장
1954 / 2005 (개보수)

건물은 신고전주의 양식으로, 모란봉에 있으며, 천리마 기념탑의 도로 건너편에 있다. 연면적 5,270㎡로, 연주회나 공연을 800명까지 관람할 수 있다. 1948년, 일제 해방 후 첫 번째로 인민회의가 열린 곳이기도 하다.

≪≊ 청년중앙회관
1989

대동강의 동평양 구역의 문수거리에 자리 잡은 청년중앙회관은 동평양대극장의 맞은편에 있다. 청년중앙회관은 특히 젊은이들을 위한 음악회, 연극 공연, 강연을 주최한다. 연면적 59,978㎡, 1,000석의 대강당, 각 2,000석 및 6,000석의 극장 두 곳, 네 개의 회의실을 포함한다.

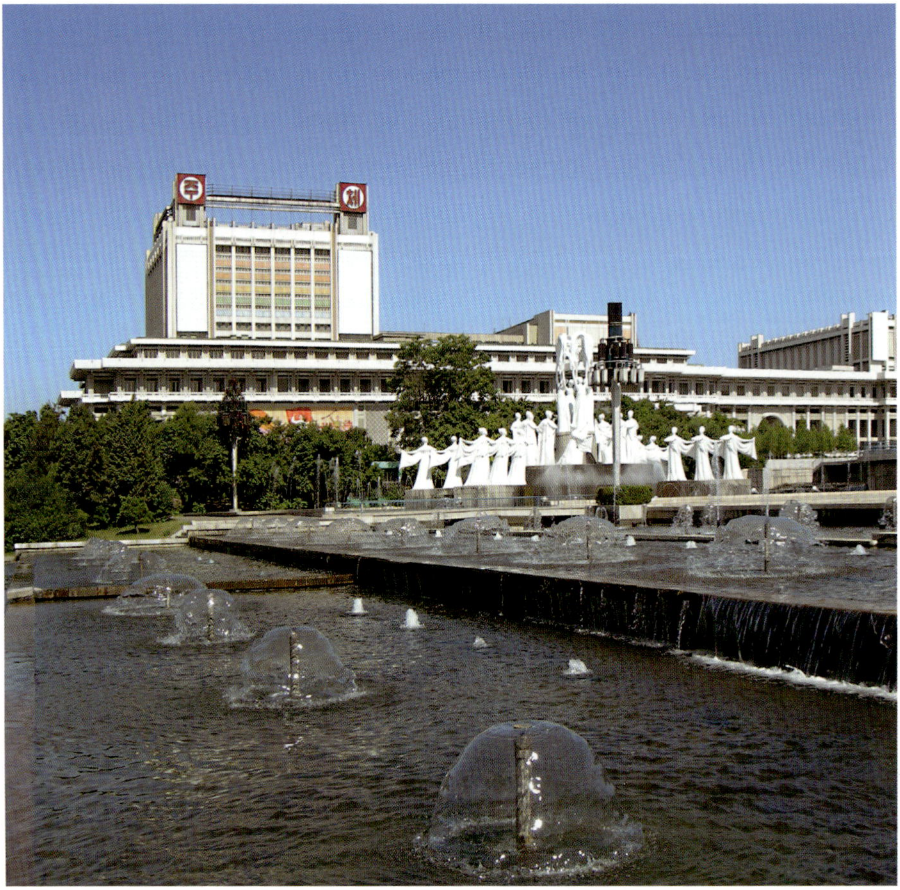
주
체

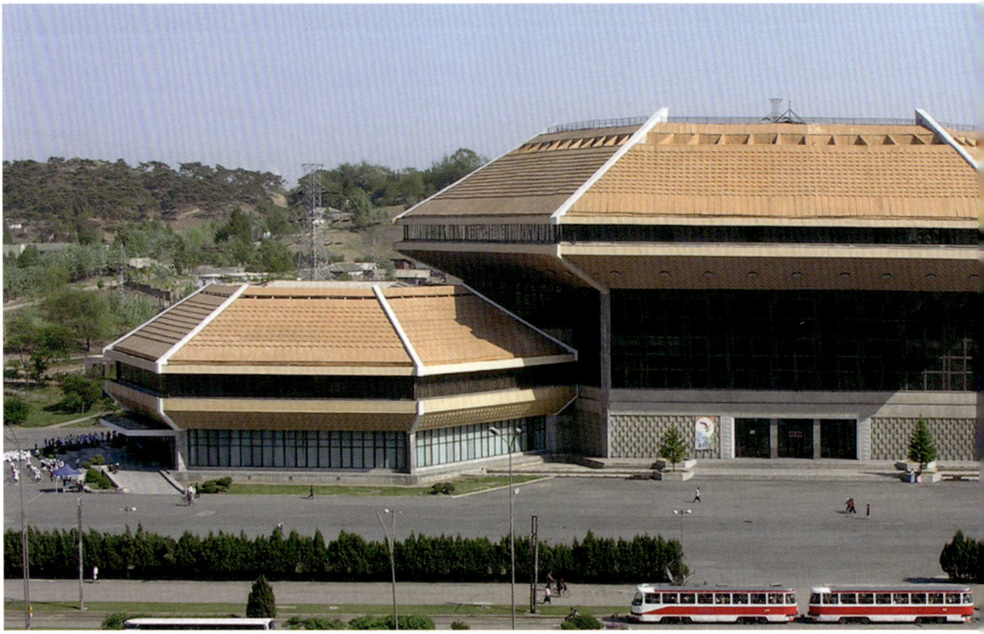

«ᄎ» 만수대예술극장
1976

80m 공중으로 물이 솟아오르는 거대한 분수가 있는 공원은 만수대의회당과 극장을 분리한다. 극장의 회전 무대는 2,000㎡ 면적에 40m 높이로, 그 벽은 벽화와 프레스코로 장식되어 있다.

«ᄎ» 평양교예극장
1989

만경대구역의 일부인 광복거리 살림집 구역에 위치한다. 북한국립교예단이 소속되어 있는데, 연면적 70,000㎡를 덮는 전형적인 육각형 지붕이 설치된 다섯 개의 홀이 있다. 교예단은 공중 곡예를 전문적으로 공연하는데, 북한에서 가장 뛰어난 배우들이 매일 3,500명의 관중 앞에서 공연한다. 건물은 1989년 5월 1일에 문을 열었다.

≳ 동평양대극장
1989 / 2007 (개보수)

대동강 구역의 제2 문수거리에 있다. 만수대예술단이 소속되어 있는데, 둥근 건물 주요부는 4개 층과 3,500석의 관객석으로 구성된다. 7층의 윙에는 무대 부속시설 및 리허설 실들이 있다.

대동문영화관 ≳≫
1955 / 2008 (개보수)

이 신고전주의 양식의 건물은 승리거리에 위치하며, 두 개의 상영관은 각 500석 규모다. 노동자, 군인, 농민 여성으로 구성된 군상이 입구 지붕 위 처마를 장식한다.

조선예술영화촬영소

1947

형제산구역, 김일성광장의 북서쪽에 있다. 10km에 달하는 촬영소는 장편 영화를 위한 광대한 세트와 시설들을 제공한다. 조선, 중국, 일본 및 유럽의 역사적인 거리와 골목들이 세밀하게 재현되어 영화 세트로 사용된다. 또한 량장마을과 같은 시골도 재현되어 있다. 영화 촬영소는 1947년에 설립된 이후 지속적으로 확장되고, 증축됐다.

평양국제영화회관
1989

대동강의 양각도는 세 개 – 300, 600, 2,000석 규모의 영화관을 수용하고 있는 육중한 둥근 콘크리트 블록이다. 또한 영화 회관은 평양국제영화제를 주최한다.

4·26 조선아동영화촬영소
2000

평양 중심 중구역 지역의 웅장한 승리거리에 자리 잡은 단순한 새 건물은 장편 애니메이션과 애니메이션 시리즈들이 만들어지는 곳이며, 이러한 애니메이션들은 국내뿐만 아니라 대규모의 수출을 목적으로 한다.

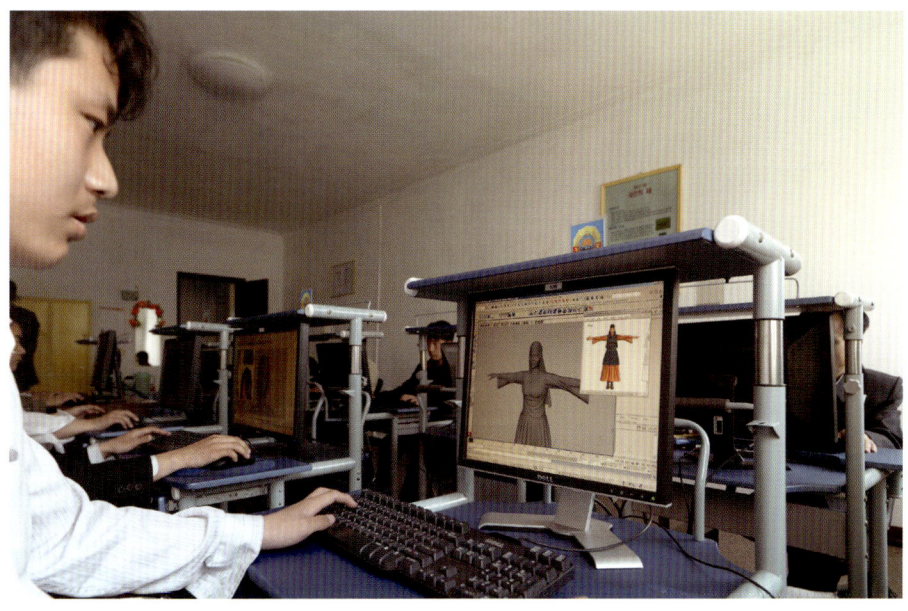

도시 계획

살림집

문화 시설

교육 및 스포츠

호텔 및 백화점

교통 시설

기념물

김일성종합대학

1948-2009

북한의 가장 좋은 대학인 김일성종합대학은 대성구역에 있다. 거대한 캠퍼스(1,560,000㎡)의 주요 건물들은 1948년부터 지어졌다. 제1건물은 1965년에 지어졌는데, 4층 건물과 9층 건물의 윙으로 이루어졌다. 대학에는 네 개 층의 과학 도서관, 세개 층의 실내 체육관(1989), 두 개 층의 실내 수영장(2009), 자연사 박물관, 수많은 학과와 연구소 건물들이 자리 잡고 있다. 김일성 동상이 근처 룡남봉에서 지켜본다.

김책공업종합대학
1992

대학 캠퍼스는 김책의 이름을 따르고, 용왕거리와 대동강으로 경계가 지어진다. 캠퍼스는 학생 기숙사뿐만 아니라 연구소 및 학과를 위한 수많은 건물로 구성된다. 간결한 정방형의 주 건물은 15층으로 구성되어, 안마당을 둘러싼다. 시설들은 2,000명까지 수용할 수 있는 강당을 포함한다. 2006년에, e-도서관과 대형체육관이 증설되었다.

⌃ 김책공업종합대학의
e-도서관
2006

e-도서관은 김책공업종합대학의 주요 건물 옆에 지어졌다. 총 5개 층의 연면적 16,000㎡로, 12개의 컴퓨터 시설을 갖춘 독서실과 4개의 기존 방식의 독서실을 위한 넓은 공간을 제공하며, 2,000명의 학생들이 이용할 수 있다. 도서관은 거대한 둥근 로비가 그 특징인데, 이는 건물 꼭대기까지 이르며, 주 입면을 강하게 분절시킨다.

⌄ 김책공업종합대학 체육관
2006

이 다목적 시설은, 대형 원형 경기장, 네 개의 훈련장, 실내 주차장, 한증탕, 다른 서비스 시설들을 위한 다른 많은 시설을 포함한다. 4,000명의 관객들이 경기와 곡예를 보거나 회의에 참가할 수 있는 방도 있다.

평양학생소년궁전
1963

넓은 거리는 도시 중심 장대봉의 학생소년궁전에 이른다. 입구 중심에는 세 소년과 있는 김일성 주석을 묘사한 동상이 방문객들을 맞이한다. 간결한 구조의 입면으로 구성된 5층 건물은, 녹지로 가득한 안마당을 둘러싼다. 실내에는 200개의 실험실, 100,000여 물품들로 구성된 도서관, 200개의 책상이 놓인 독서실, 스포츠 시설, 1,000석의 극장을 포함한, 온갖 종류의 여가 및 교육 활동을 위한 500여 개의 실이 있다.

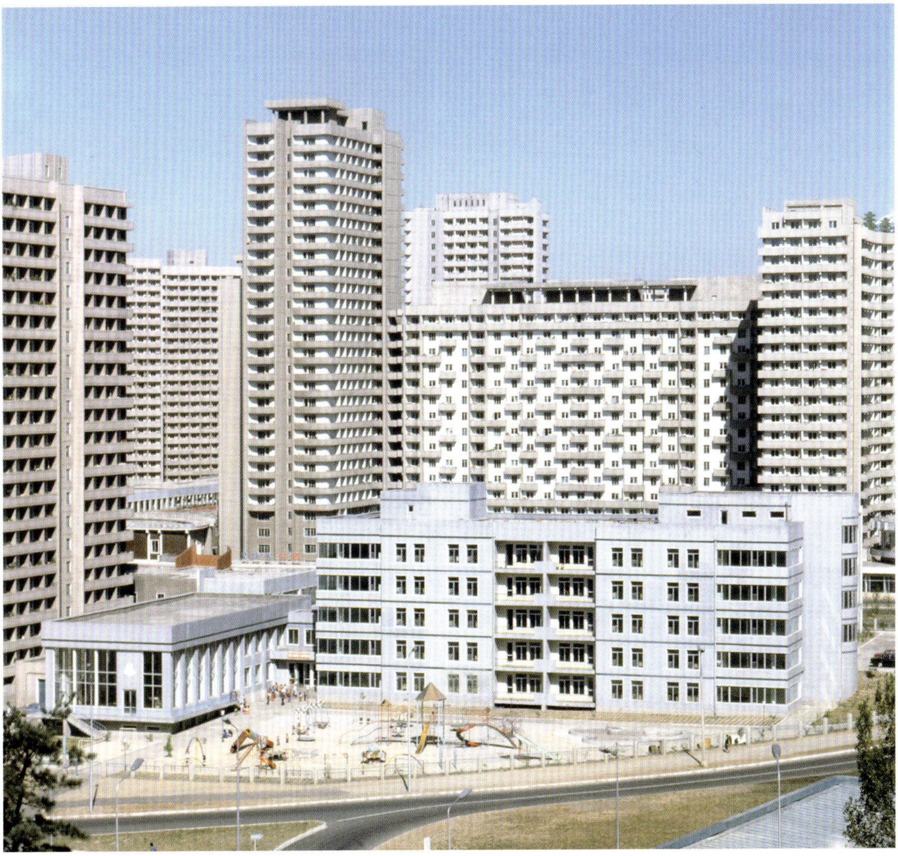

김정숙탁아소

1988

모란봉구역의 안상택거리에 자리잡고 있으며 김정일 어머니의 이름을 땄다. 이 시설에는 네 개의 건물이 있는데, 두 채는 2층, 한 채는 5층, 나머지 한 채는 1층 건물이며, 700명의 어린이를 보살필 수 있는 시설을 제공한다.

«김원균평양음악대학

2006

9층짜리 주 건물로부터 떨어진 캠퍼스에는 서로 다른 학과를 위한 두 채의 5층 건물, 800석 규모의 콘서트홀, 세 개의 강당, 체육 및 서비스 시설들이 있다.

인민대학습당
1982

이 기념적인 10층 건물은, 평양 중심의 남산봉에 자리 잡은 조경이 잘 가꾸어진 공원에 있으며, 전통건축의 현대적 해석을 보여준다. 34개의 지붕은 약 100,000 ㎡의 연면적으로 14개의 독서실, 14개의 강연실, 수많은 사무실, 학습실, 서비스 시설들을 위한 거대한 공간을 제공한다.

교육 및 스포츠

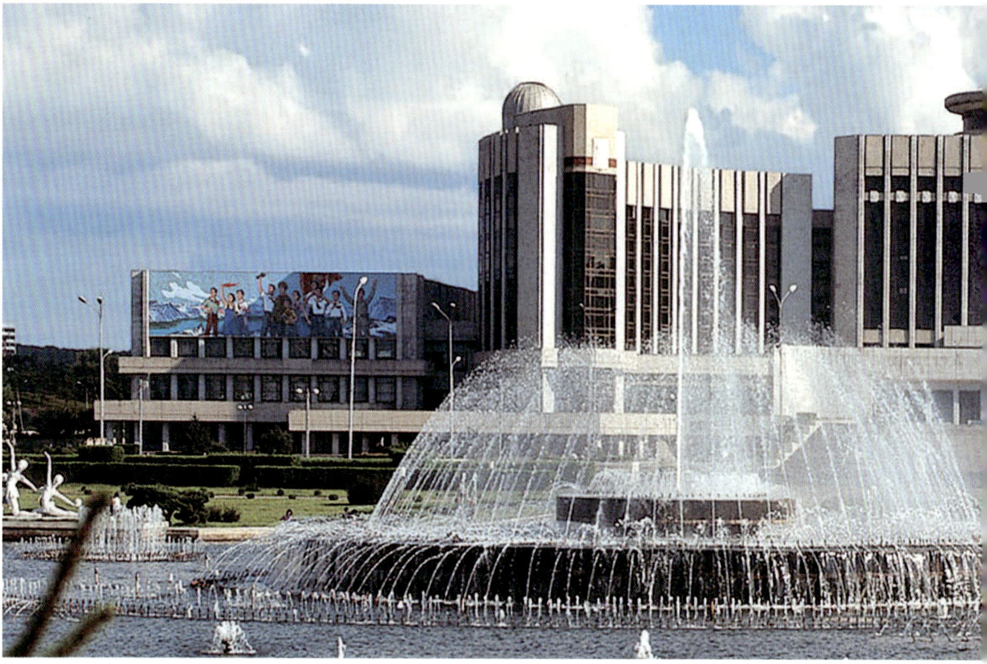

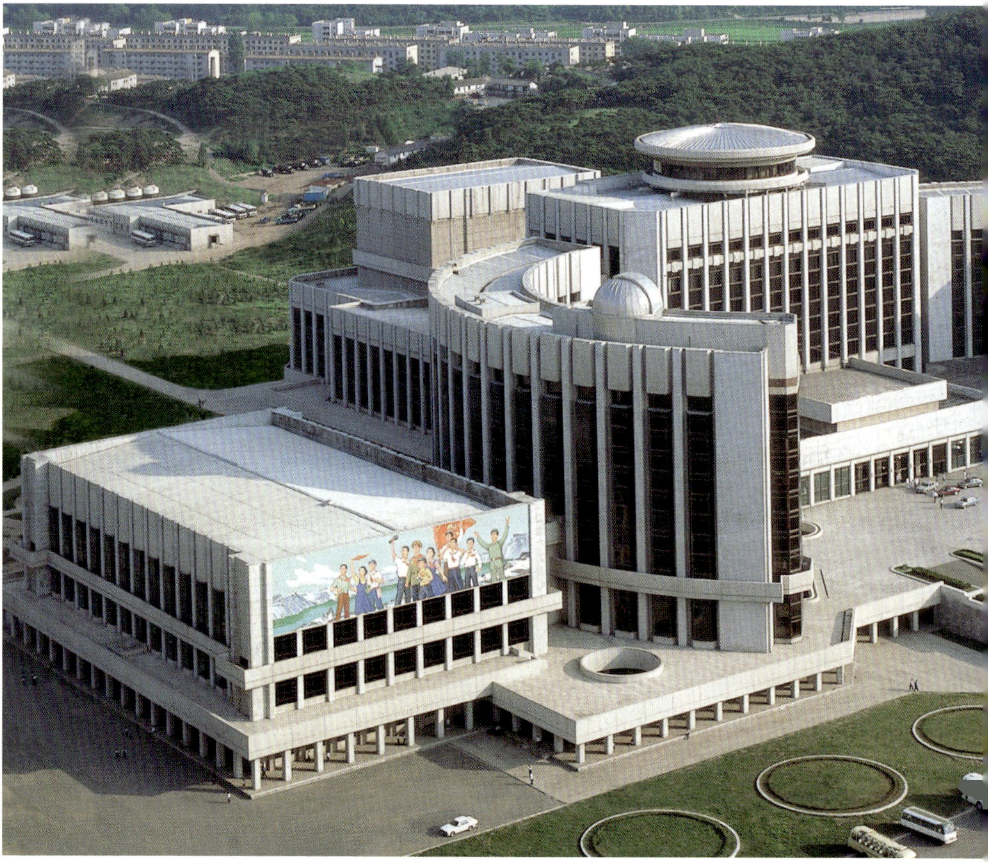

만경대학생소년궁전
1989

광복거리 살림집 구역 외곽에 있는 청년영웅도로에 자리 잡은, 이 육중한 6층 건물은 650개 이상의 방들을 수용하고 있어, 5,400명의 어린이가 모든 종류의 활동들을 펼칠 수 있다. 반원형의 정면은 광장을 향해 열려 방문객들을 환영하는 듯하다. 눈에 띄는 3층 높이의 아트리움에 있는 대리석 기둥은 높이가 19.5m다.

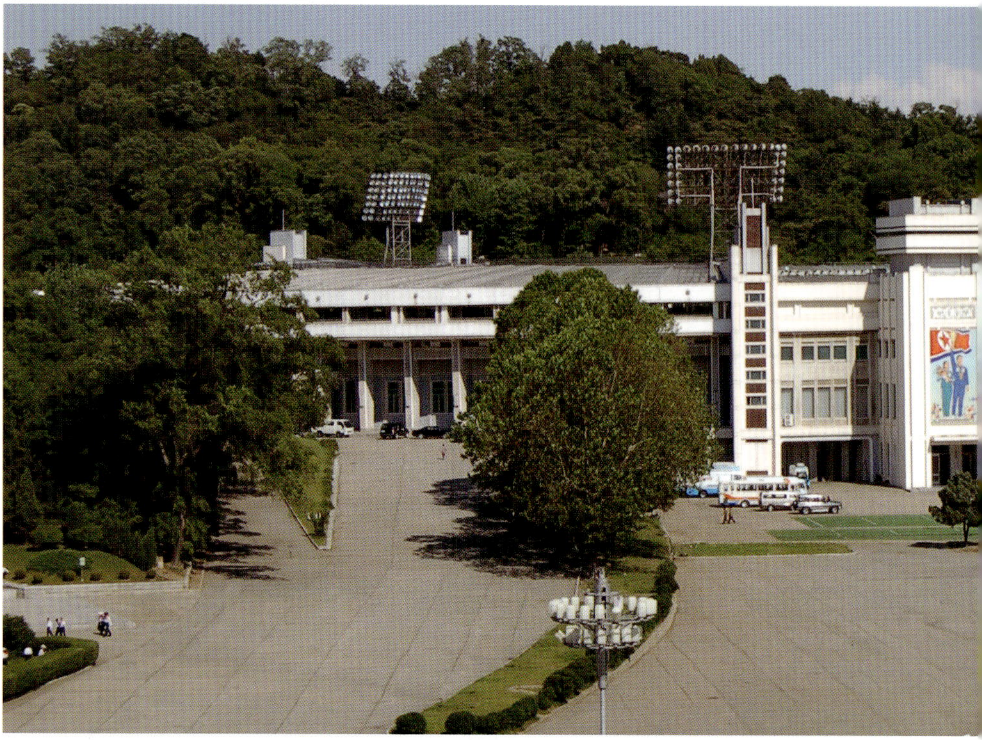

평양체육관 ☆》

1973

이 건물은 천리마거리와 보통강 사이의 빙상관 근처에 있으며, 138m 너비에 145m 길이다. 박공지붕의 가장 높은 지점과 낮은 지점의 높이차는 8m다. 네 개의 단은 20,000명의 관객을 수용할 수 있는 공간을 제공한다.

⌃ 김일성경기장
1982 (개보수)

1945년 10월 모란봉 기슭의 이 곳에서 김일성이 조국에 돌아온 후 처음으로 대중앞에서 연설했다. 이후 모란봉체육관의 부지가 되었고, 1982년까지 반복적으로 현대화되고 증축되었다. 오늘날 이 체육관은 북한에서 두 번째로 큰 체육관으로 100,000명의 관객들이 관람할 수 있으며 주로 축구 경기가 열린다.

⌄ 양각도축구장
1989

대동강 양각도의 중심에 위치한 다용도 체육관은 30,000명의 관객을 수용할 수 있다. 주로 축구 경기가 열리지만, 다른 국내, 국제 스포츠 경기들을 위한 시설들도 포함하고 있다. 8개의 테니스 코트와 두 개의 연습구장 및 400m 육상 트랙이 있다.

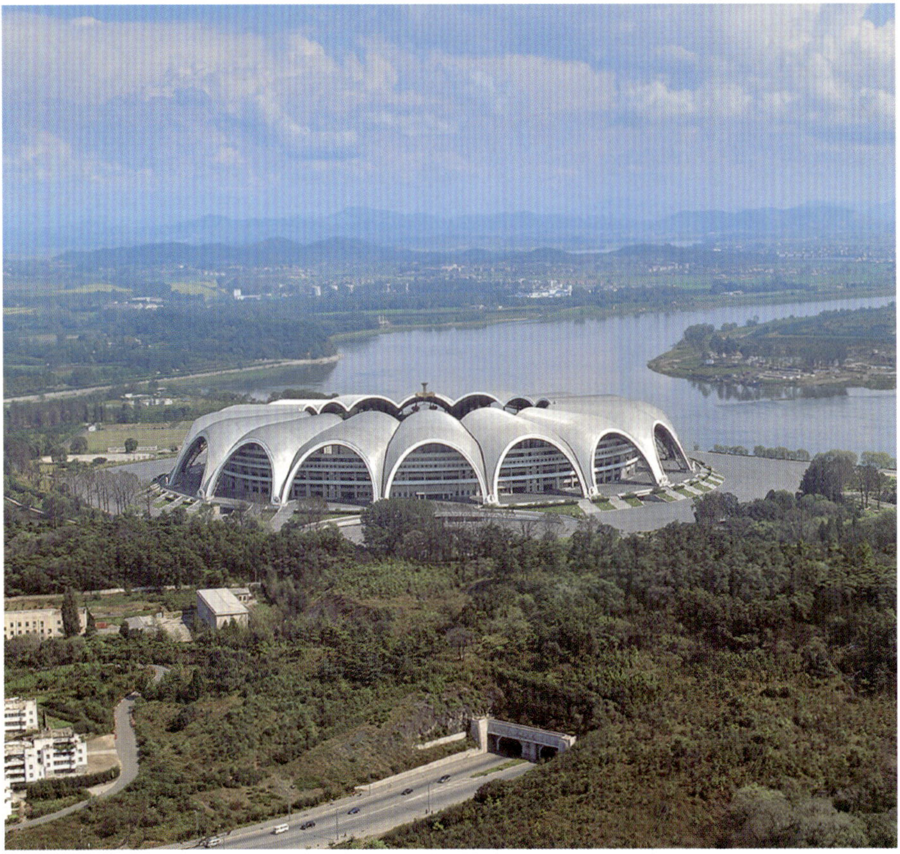

노동절체육관
1989

세계에서 가장 큰 이 체육관은 150,000명의 관객이 8개의 단에 착석할 수 있다. 대동강 능라도에 있어 능라도체육관이라고도 불린다. 스포츠 행사뿐만 아니라, 행진이나 축제들이 열린다. 16개의 아치형 지붕으로 이루어진 원형은 꽃잎이 펼쳐진 꽃의 형상을 한다.

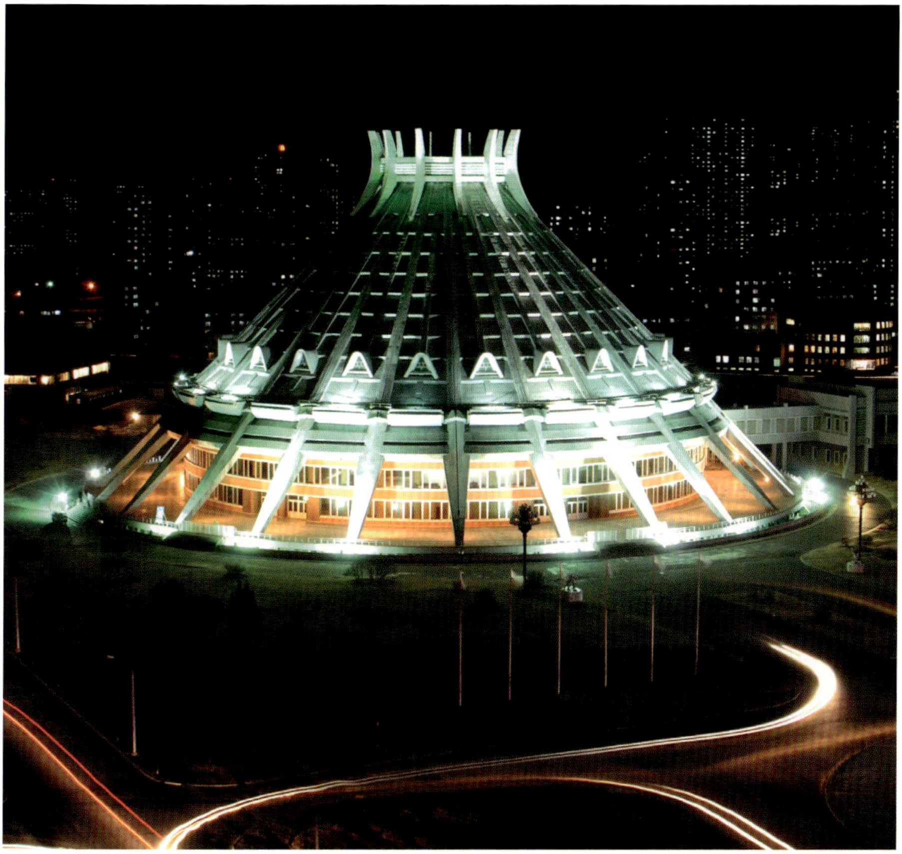

빙상관

1981

061

평양체육관 바로 옆에 있으며, 빙상관의 콘크리트 구조물은 천리마거리에 인상적인 랜드 마크를 제공한다. 네 개의 단은 6,000명의 관객이 관람할 수 있는 공간을 제공한다. 링크는 그 폭이 30m, 길이가 60m다.

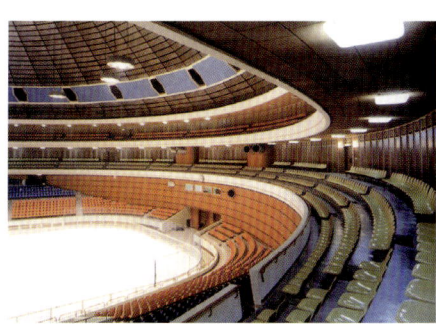

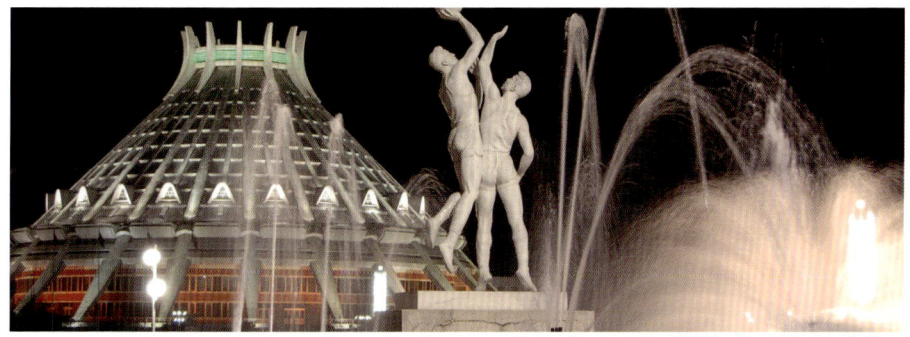

1a

1b

청춘거리 체육시설

1988, 1992, 1994, 1996

다양한 체육활동을 위한 시설들이 청춘거리 양쪽에서 대동강 기슭까지 이르며, 도시 안의 '체육 도시'를 형성한다. 이는 1989년 평양에서 열린 제13회 세계 청년학생축전을 위해 지어졌다. 10개의 체육관과 한 개의 축구장(소산 축구장, 25,000석)이 단지를 구성하고, 식당, 호텔, 헬스 센터가 포함된다. 청춘거리 상부에 있는 태권도장(1a, 1b)은 1992년에 완공되었다 (5개의 단에 2,400석 규모). 이외에도 배구장(2,000석; 2a, 2b), 무술 경기장(2,300석; 3a, 3b), 역도장(2,000석; 4a, 4b), 탁구장(4,300석; 5), 배드민턴 경기장(3,000석; 6a, 6b), 육상 경기장(4,000석; 7a, 7b), 실내 수영장(3,400석; 8a, 8b), 농구장(2,000석; 9), 핸드볼 경기장(2,400석; 10a, 10b)이 있다. 1994년에 2층짜리의 볼링관(평양 골든 레인, 200석; 12)이 있는 여가시설이 제1문수거리에 지어졌다. 1996년에 사격훈련장(메아리 사격훈련장; 11a, 11b)이 추가되었다.

교육 및 스포츠

도시 계획

살림집

문화 시설

교육 및 스포츠

호텔 및 백화점

교통 시설

기념물

⌃ 광복백화점
1991

광복거리 3층 건물의 기초는 제13회 세계 청년학생축전 동안 놓였다. 북한에서 세 번째로 큰 백화점으로, 27,000㎡의 면적을 지닌다.

⌄ 제1백화점
1982

승리거리의 9층 건물은 40,000㎡의 면적을 지니며, 북한에서 가장 큰 백화점으로, 말 그대로 평양 쇼핑의 제일이 되었다.

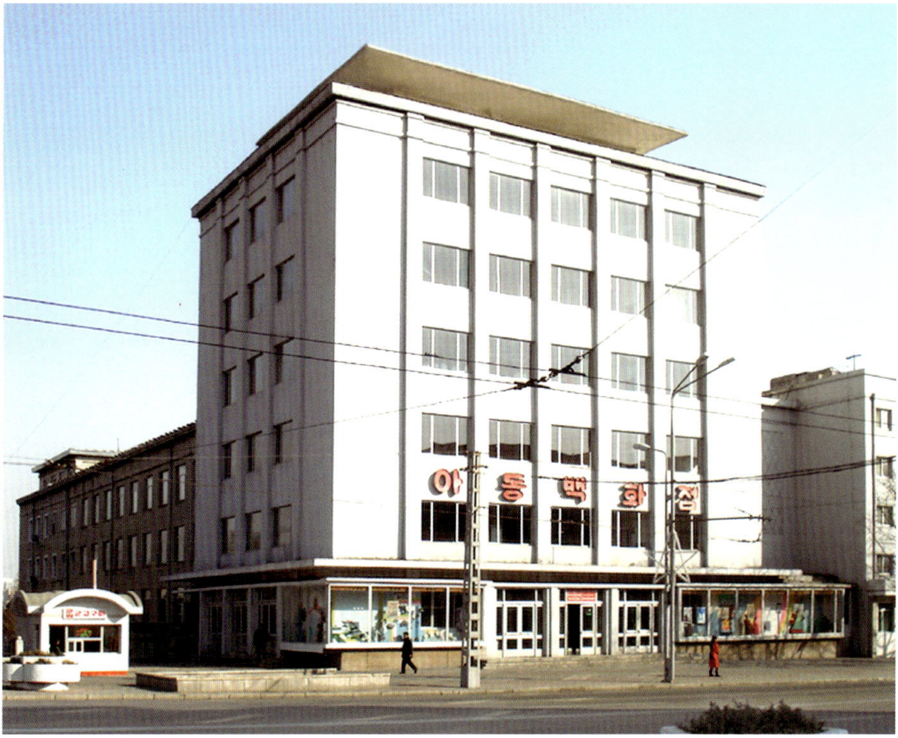

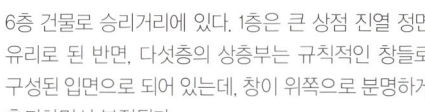

⌃ 아동백화점
1961

6층 건물로 승리거리에 있다. 1층은 큰 상점 진열 정면 유리로 된 반면, 다섯층의 상층부는 규칙적인 창들로 구성된 입면으로 되어 있는데, 창이 위쪽으로 분명하게 후퇴하면서 분절된다.

⌄ 대성백화점
1986

서평양의 대동강 구역에 있는 4개 층의 쇼핑센터로, 입면의 연속된 창들이 그 특징이다. 전통 공예품이 특화되어 있고, 주로 관광객들을 대상으로 한다.

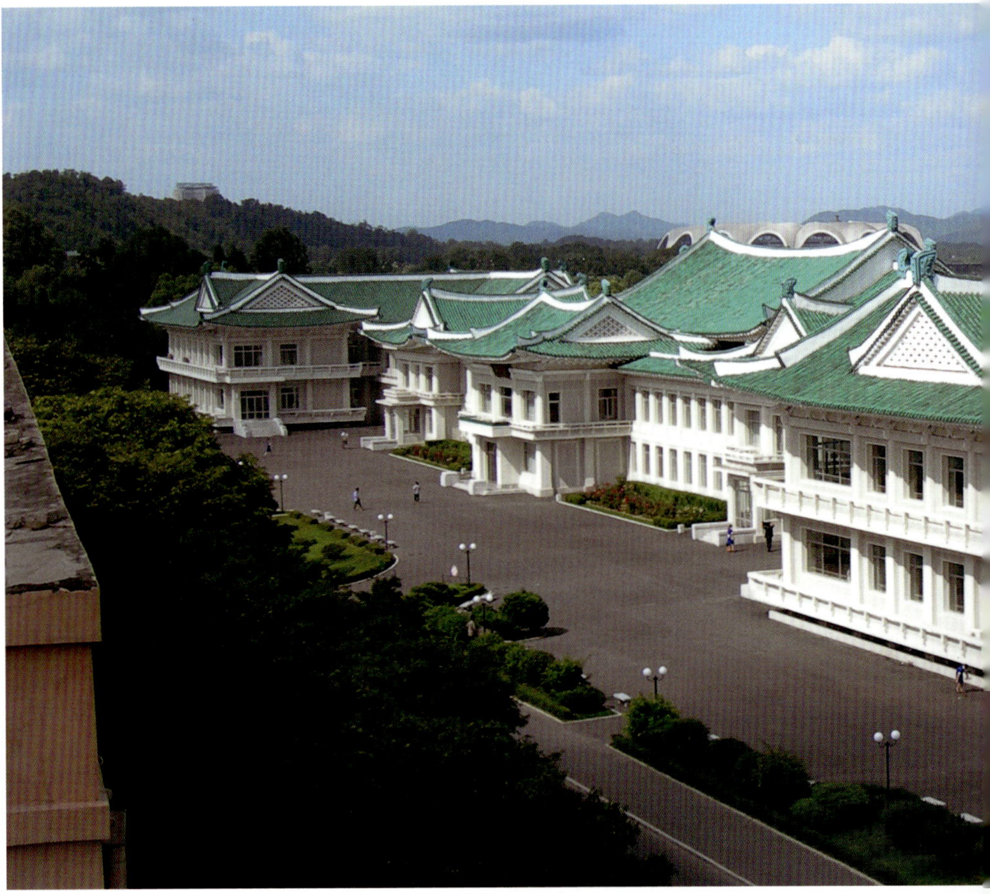

옥류관

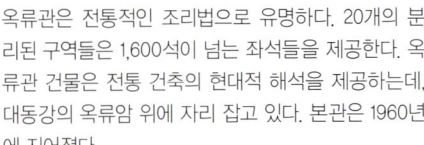

1960 / 1980 (증축)
2008 (개보수)

옥류관은 전통적인 조리법으로 유명하다. 20개의 분리된 구역들은 1,600석이 넘는 좌석들을 제공한다. 옥류관 건물은 전통 건축의 현대적 해석을 제공하는데, 대동강의 옥류암 위에 자리 잡고 있다. 본관은 1960년에 지어졌다.

창광거리 식당들 »

1985

모두 2,000석까지 수용할 수 있는 30개의 전문 식당이 창광거리 양쪽에 저층건물로 줄지어 자리 잡고 있다.

호텔 및 백화점

청류관
1981, 2008 (개보수)

해상건축 양식의 이 인상적인 건물은 보통강을 내려다본다. 청류관은 전문 요리와 고상한 실내 디자인으로 유명하다. 실내에는 수많은 값비싼 재료가 사용되었다. 4층 건물은 1,100명 이상의 손님을 접대할 수 있는 식사 공간을 제공한다.

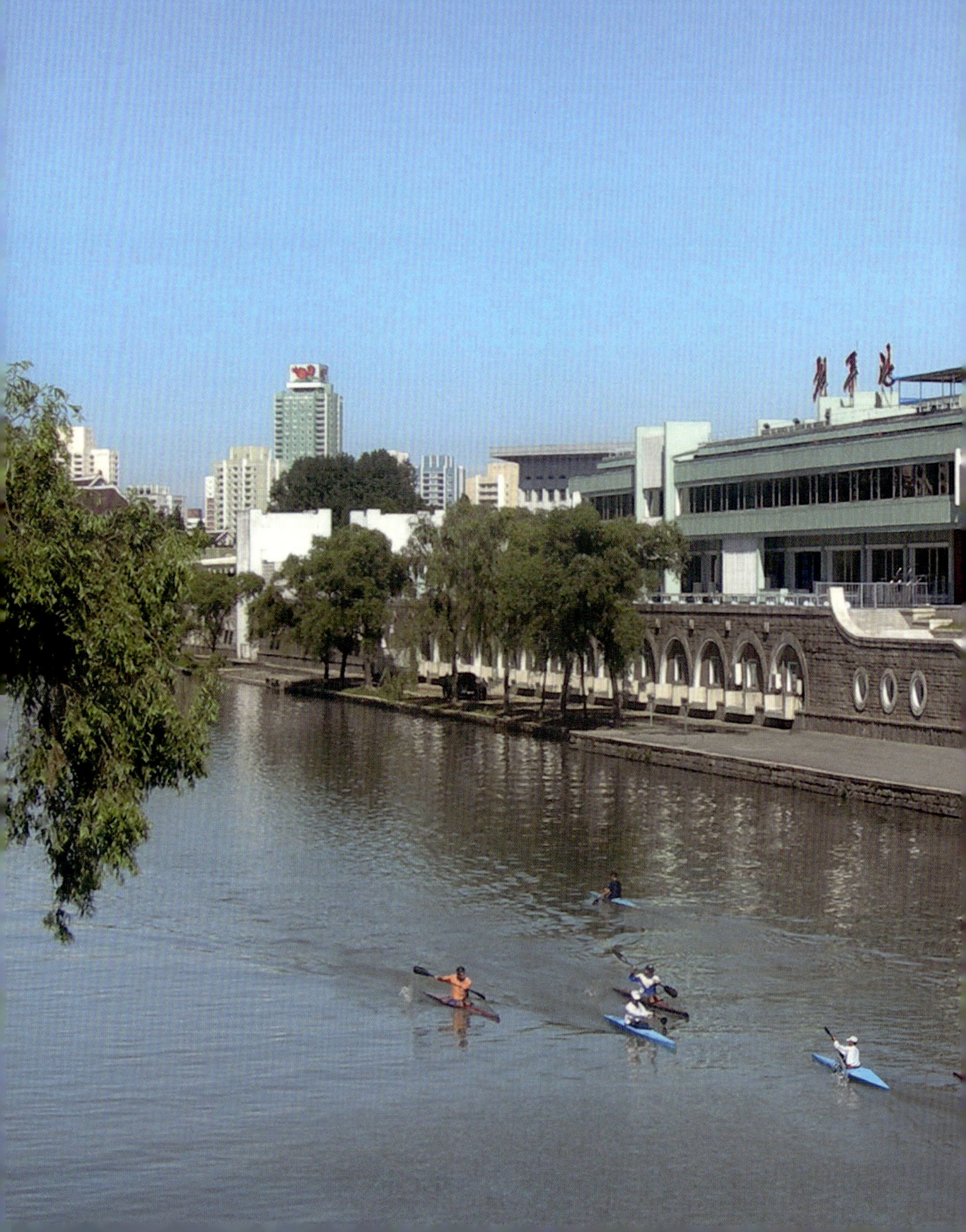

호텔 및 백화점

⌃ 양각도국제호텔
1992

이 1급 호텔은 대동강 양각도 끝에 놓여 있다. 47층 혹은 170m 높이의 건물은 북한에서 두 번째로 높은 건물이다. 약 980개의 실과 연면적 87,770㎡로 이루어져, 2,000명의 손님을 수용할 수 있다. 부대시설로는 지하에 볼링장과 실내 수영장, 2층에 4개의 식당, 손님들이 대동강을 바라보며 전경을 즐길 수 있는 47층의 식당이 있다.

⌄ 량강호텔
1989

소산봉이 보통강과 대동강의 합류점을 내려다본다. 600명의 손님이 량강호텔에 숙박할 수 있는데, 이 호텔은 1980년대 후반 소산봉에 지어져, 웅장한 전망을 제공한다. 호텔 단지는 한 채의 단층 건물, 두 채의 2층 건물로 구성된다. 식당, 회의실, 4, 7, 10층의 3개의 계단형 건물들이 있으며, 호텔에는 328개의 객실을 수용한다. 량강호텔 꼭대기의 회전 식당이 특별한 볼거리를 제공한다.

고려호텔

1991

이 특급 호텔은 두 개의 45층 타워로 구성되어 있고, 북한에서 두 번째로 높은 호텔 건물이다. 이 건물의 높이는 143m로, 창광거리의 남쪽 끝에 있다. 1,000명의 손님이 504개의 객실에 머물 수 있다. 호텔에는 네 개의 식당과 꼭대기의 회전 식당을 가지고 있다.

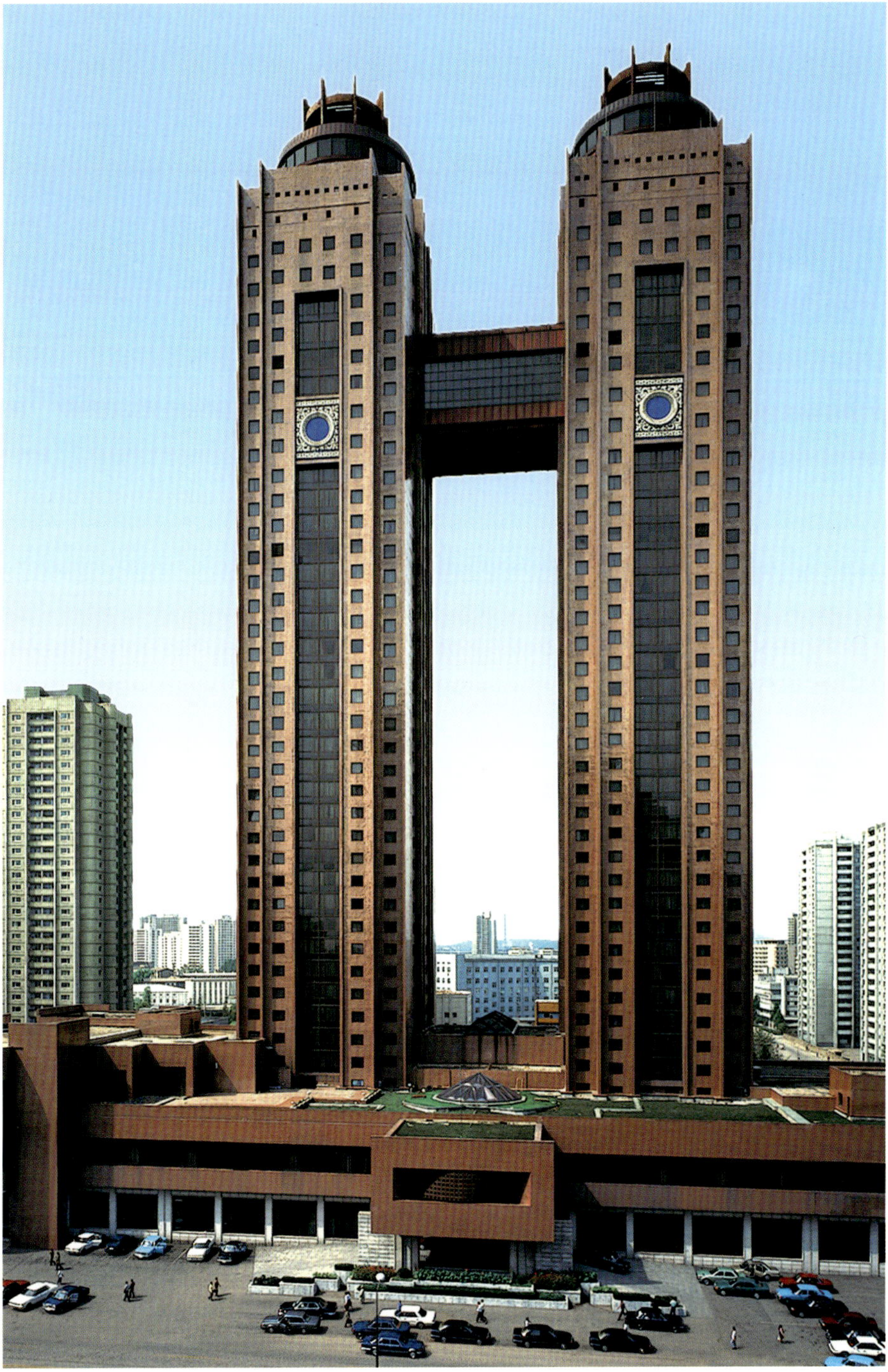

☇ 보통강호텔
1973

9층 호텔이 평촌구역의 안산거리에 있으며, 보통강기슭에 자리잡고 있다. 입면을 따라 연속적인 띠를 형성하는 발코니 단들이 건축적 특징이다.

평양호텔 »
1960

5층의 평양호텔은 승리거리와 영광거리의 교차점에 있으며, 480명의 손님을 위한 객실을 제공한다. 띠 모양의 창문은 건물의 둥근 모서리를 특징짓는다.

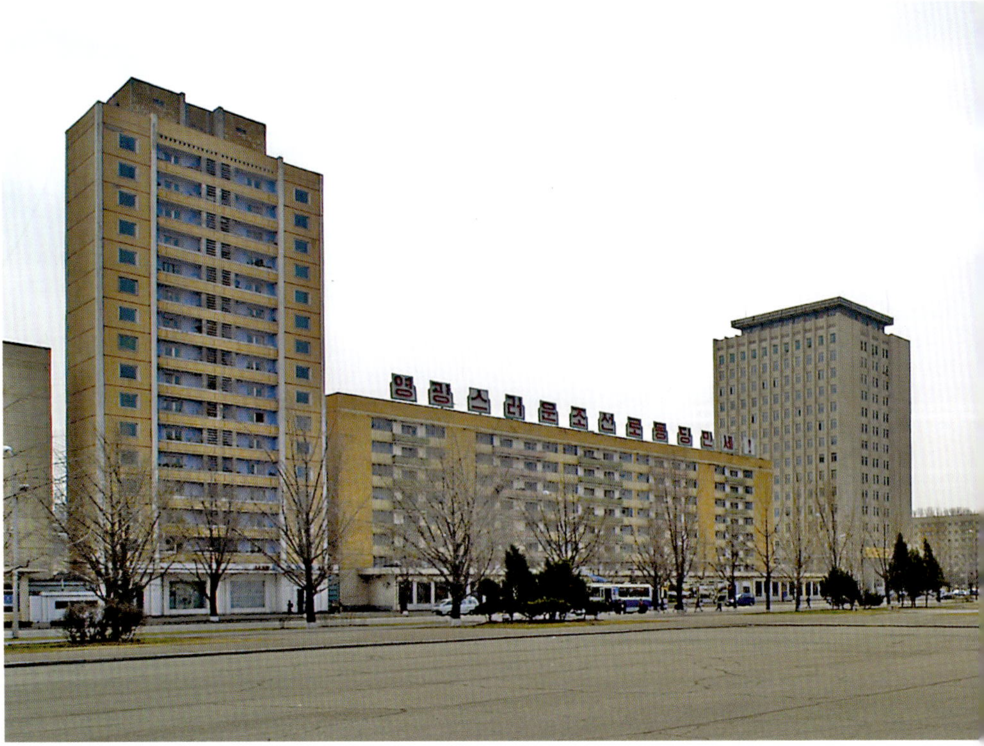

≽ **창광산호텔**
1975

호텔은 사진의 우측 끝에 있는데, 704명을 위한 객실을 제공한다. 두 채의 18층 탑식 건물로 구성되어 있으며, 천리마거리와 소성거리의 교차점에 위치한다. 2층의 저층부는 수직적인 건물들을 연결한다.

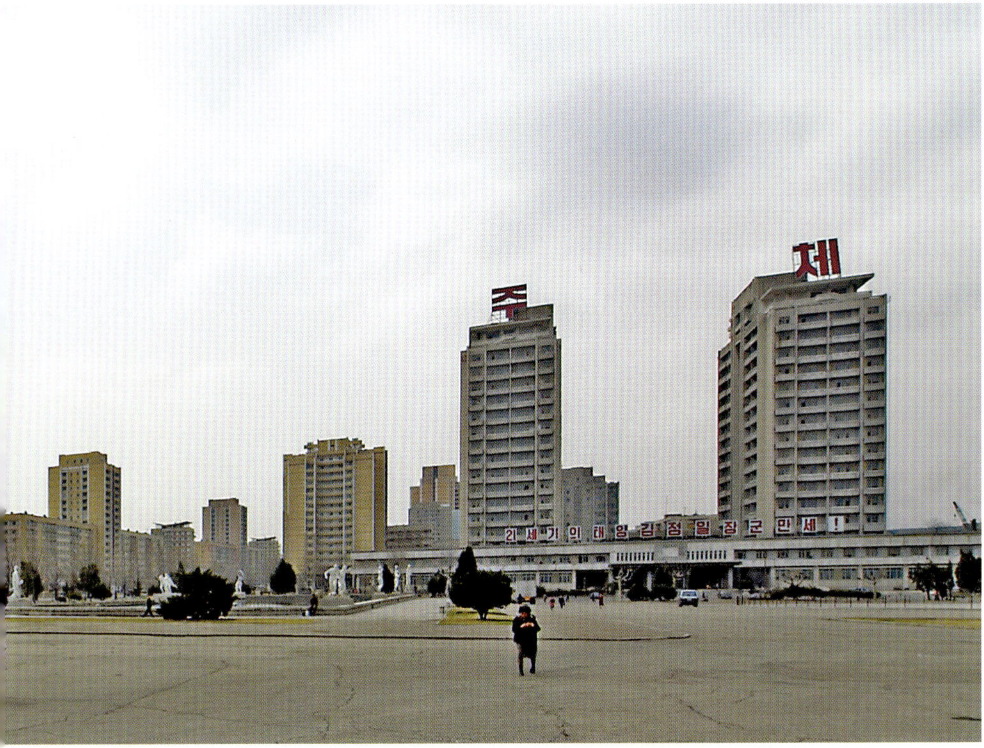

도시 계획

살림집

문화 시설

교육 및 스포츠

호텔 및 백화점

교통 시설

기념물

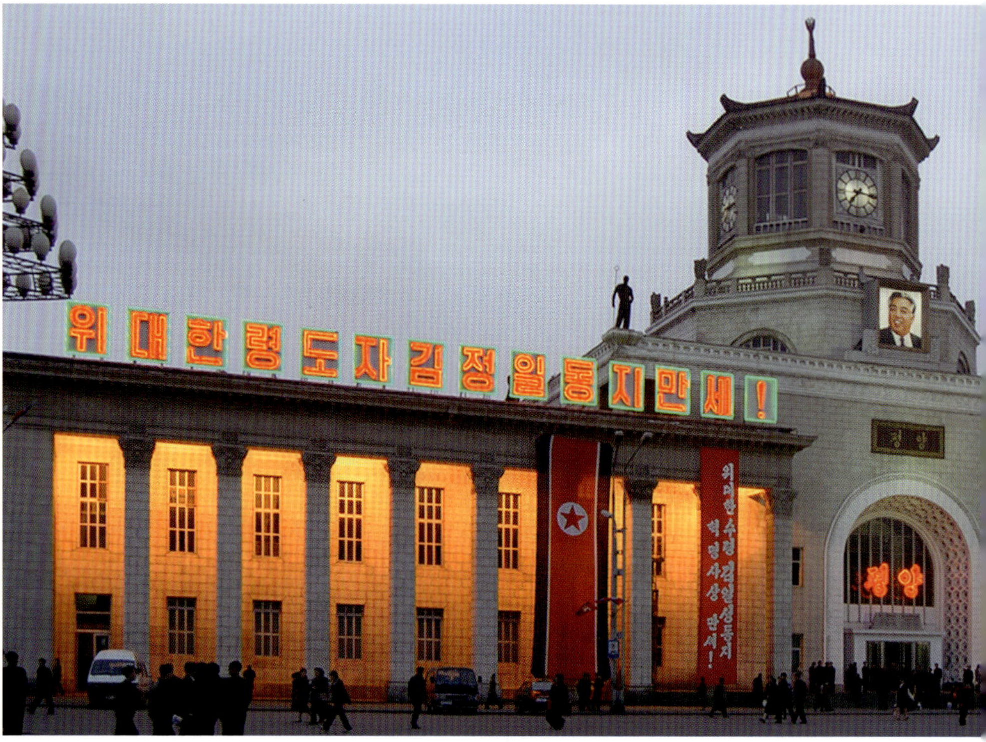
위대한령도자김정일동지만세!
위대한수령김일성동지
혁명사상 만세!
평양

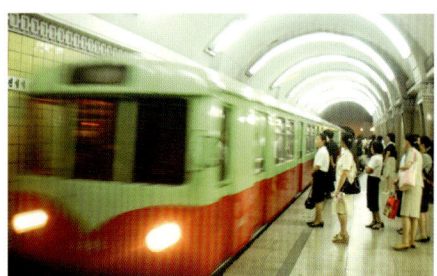

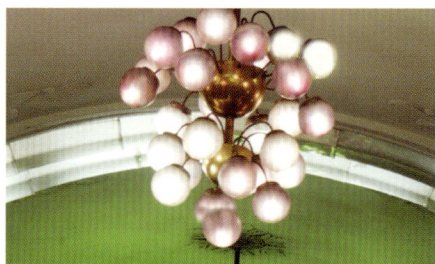

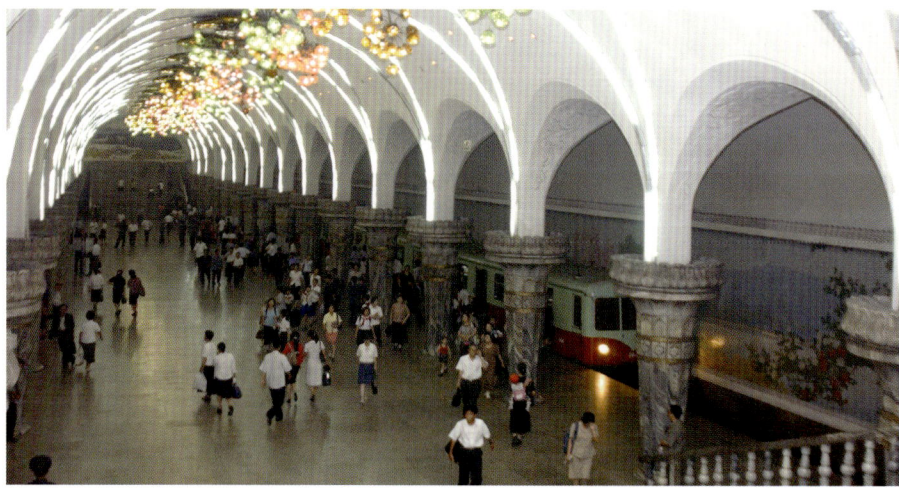

《↖ 평양역

1958

신고전주의 건물은 영광거리의 끝에 있다.

《 영광역

1987

대리석, 샹들리에, 벽화들로 화려하게 꾸며져 있다.

황금벌역 ↘》

1978

대리석 벽기둥, 샹들리에, 화강암 바닥재로 마감되었다.

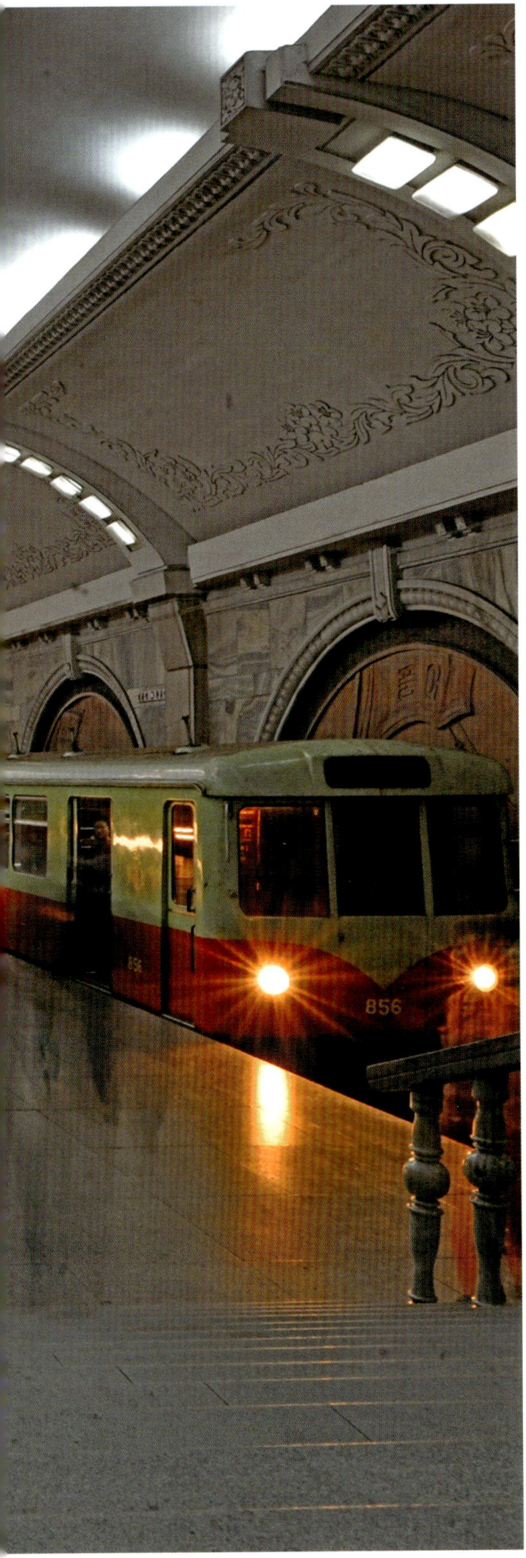

≪≽ 부흥역
1987

천리마선의 화려한 종착역은 화강암 바닥, 모자이크 벽, 거대한 샹들리에로 특징지어진다.

≽ 건설역
1978

혁신선의 지하철역이다.

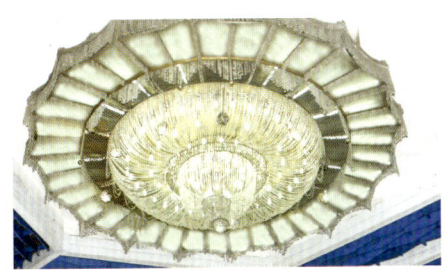

☆ 옥류교
1960

대동강을 가로지르는 상자형 대들보로 이루어진 교각은 그 길이가 700m, 너비가 28.5m로, 동평양과 종로 네거리를 연결한다.

☆ 능라교
1988

상자형 대들보 교각은 문수와 북새구역을 대동강과 능라도를 가로질러 연결한다.

⌃ 충성교
1983

평양의 서쪽 끝에 위치한 교각은 천리마거리와 통일거리를 연결한다.

⌄ 청춘영웅도로
2000

5,000명의 젊은 지원자들이 남포에 이르는 8차선 도로의 건설에 참여했으며, 이는 43km에 달한다.

☝ 《 평양-묘향산 고속도로
1995

고속도로는 평양과 묘향산 서쪽을 연결하고 그 거리는 120km다.

☟ 9·9절다리
1998

국립기념일의 이름을 딴 이 다리는 1998년 9월 9일 개통식이 열렸다.

청류교 》
1995

대동강과 능라도를 가로지르는 450m의 현수교는 룡남산거리와 문수거리를 연결한다.

교통시설

도시 계획

살림집

문화 시설

교육 및 스포츠

호텔 및 백화점

교통 시설

기념물

만수대 대동상
1972

거대하게 펼쳐진 계단이 평양 중심에 있는 만수대 위의 대동상에 이른다. 대동상은 20m 높이의 김일성 동상을 중심으로 놓인다. 뒤에는 70m 너비와 12,85m 높이의 모자이크 벽이 있으며, 조선의 성산인 백두산을 묘사한다. 동상은 각각 119점과 109점의 그림으로 구성된 두 개의 군상을 측면에 접한다. 평균 5m 높이의 이 조각들은 두 개의 역동적으로 조각된 석조 깃발 주변에 집합되어 있는데, 각 깃발 조각의 길이는 50m에 높이는 22,8m다. 이 기는 일제 식민에 대항한 조선인들의 역사적 전투와 새로운 사회의 건설과 사회주의 혁명을 상징한다.

주체사상탑
1982

주체사상은 김일성이 입안하였다. 그 기념탑은 김일성 광장의 대동강 맞은편에 있다. 주체사상탑을 중심으로 조각 전체가 높게 올려져 있다. 70개의 화강암 블록으로 만들어졌고, 그 높이는 170m로, 금속으로 조각된 붉은 불꽃이 그 위에 놓여 있다. 바닥에는 42m의 군상이 있는데, 노동자, 지성인, 농민 여성들로 구성되어, 공산당의 표상을 높이 바치고 있다. 이러한 두 개의 초점 주변으로 10~11m, 6개의 화강암 기념탑, (주체공업편, 만풍년편, 배움의 나라편, 주체의 예술편, 무병장수편, 철벽의 요새편), 두 개의 전실, 150m 높이까지 물을 뿜어 올리는 두 개의 대형 분수대가 놓여 있다.

개선문

1982

60m 높이의 개선문은 김일성체육관 앞의 인상 깊은 랜드 마크다. 김일성체육관 부지는 1945년에 김일성이 조국으로 돌아와 처음으로 대중앞에서 연설을 한 곳이기도 하다. 건축물의 1층 평면은 2,210m²로 구성되고, 아치는 높이가 27m, 너비가 18.6m다. 벽에는 1925년과 1945년이 새겨져 있고, 김일성을 찬양하는 노래의 첫 두 소절이 부조로 새겨져 있다. 기둥형 벽 사이에 놓인 조각은 일제 식민에 대한 저항을 묘사한다.

당창건기념탑
1995

노동당 창건 50주년을 맞아 지어진 것으로, 그 면적은 250,000㎡에 달한다. 대동강을 가로지르는 확 트인 시선은 만수대 대동상과 당창건기념탑을 시각적으로 연결한다. 둥근 기단은 그 지름이 70m로, 노동자, 농부, 지식인을 표현하기 위해 망치, 낫, 붓을 쥐고 있는 세 개의 주먹으로 이루어져 인민과 당의 통합을 상징하는 50m의 기념상을 위한 초석이 된다. 이것들은 50m 지름의 원형 돌로 둘러싸여 있는데, 그 내부 고리는 동으로 만들어진 세 개의 부조로 장식되어 있다.

천리마동상
1961

전설 중에, 날개를 단 말인 천리마가 하루에 400km의 거리도 갈 수 있다는 이야기가 있다. 오늘날 이 신화적인 동물은 북한 사회의 재건을 상징한다. 동상은 모란봉과 만수봉 사이의 칠성문거리에 위치한다. 전체 조각은 5,000㎡로 이루어졌다. 34m의 비스듬한 기둥에는 동으로 만들어진, 노동자와 농민 여성을 싣고 하늘을 향해 날아오르는 천리마가 새겨져 있다. 노동자는 조선노동당 중앙위원회의 '붉은 편지'를 치켜들고, 여성 농민은 볏단을 안고 있다.

김일성영생탑
1997

1994년 김일성 사망 후, 이 기념탑은 17,000㎡의 부지에 세워졌다. 그것은 룡흥사거리 근처의 금송거리에 있다. 10.5m의 기단에서 82m의 굵은 오벨리스크가 하늘로 솟아오르는데, 그 정면과 후면에는 동으로 명판과 기호들이, 꼭대기에는 3m의 붉은 별이, 그 아래에는 "위대한 수령 김일성 동지는 영원히 우리와 함께 하신다"라는 구절이 새겨져 있다. 82개의 진달래꽃이 새겨진 부조는 상을 완성한다.

금수산기념궁전

1977

주체의 성전으로, 기념적이고, 신고전주의를 따른 건물은 평양 중심의 북동쪽에 있다. 김일성이 살아 있을 때에는, 김일성 관저로 사용되었고, 김일성 사후에는, 그의 시신을 안치한 사당 및 주체사상의 사당으로 전환되었다. 화려한 금장식의 인상적인 입구를 지나, 영묘 앞의 거대한 오픈 스페이스를 가로지르면, 사치스럽게 대리석으로 치장된 성패실, 울음홀, 크리스털관에 안치된 김일성 시신을 볼 수 있다.

기 념 물

조국해방 전쟁승리 기념탑

1993

이 거대한 집합은 그 면적이 150,000m²로, 한국전쟁을 기념한다. 이는 보통강 기슭을 따라, 소장구역의 봉화 거리 북서쪽으로 확장된다. 중심 조각상은 27m의 전쟁 기념 동상으로, 현수막을 머리위로 휘날리고, 전투 준비를 명령하는 군인을 묘사하고 화강암 기단위에 놓여 있다. 중심 조각상은 10개의 군상조각을 마주하고, 측면에는 두 개의 동으로 된 병사가 있고, 비문이 새겨진 두 개의 기념탑이 있다. 14m의 문을 통해 기념관으로 접근 할 수 있다.

기념물

통일의 문
2001

30m 높이의 석상은 한복을 입은 두 여인을 보여주는데, 각각 25m 높이로, 분단되지 않은 한반도 지도를 높이 치켜들고, 통일 구역으로부터 약 1.5km 떨어진 지점에, 개성으로 향하는 고속도로 위로 아치를 형성한다. 이 기념물은 폭이 61.5m다.

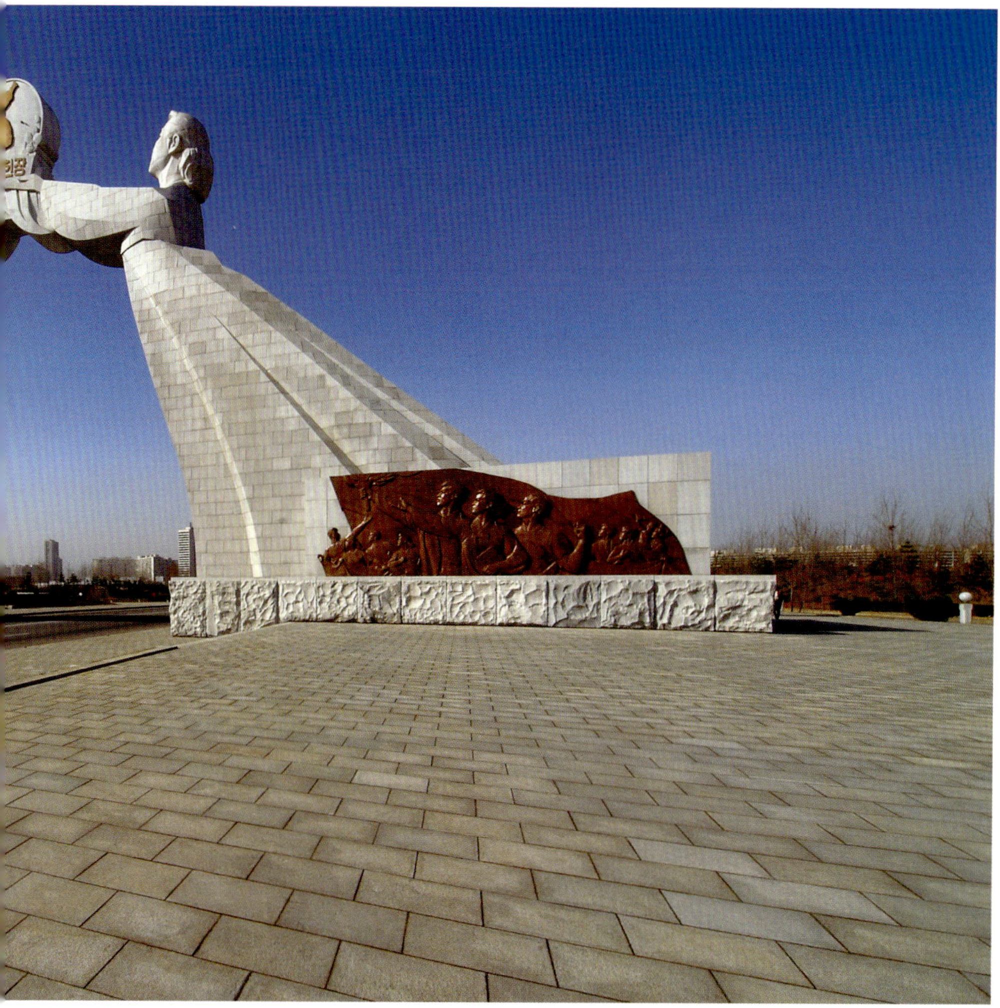

기념물

김일성체육관 전경. 그 뒤로 대동강과 평양 시내가 보인다.

참고문헌

a42.org/Brandlhuber, Arno u. a. (ed.): Kim Jong Il: *Über die Baukunst*, Pyongyangstudies I (Disko 8);
Akademie der Architektur Paektusan, Pyongyang: *Tafeln der Weltarchitektur,* Pyongyangstudies II (Disko 9);
Martin Burckhardt/*FUTURE7*, Pyongyangstudies III (Disko 10);
Kim Jong Il: *Kimilsungia,* Pyongyangstudies IV (Disko 11);
Schriftenreihe der Akademie der Bildenden Künste Nürnberg, Nürnberg 2008.

Abrosimov, P. V. u. a. (red.): *Stroitel'stvo i rekonstrukcija gorodov 1945–1957. V kongress Meshdunarodnogo Sojuza Architektorov/Construction et reconstruction des villes, 1945–1957, 5ᵉ Congrès de l'Union Internationale des Architectes UIA, Moscou, 20 juillet–27 juillet 1958,* Moscow 1958 (exhibition catalogue).

Crane, Charlie: *Welcome to Pyongyang,* London 2007.

Heather, David/Ceuster, Koen De: *North Korean Posters. The David Heather Collection,* München, Berlin, London, New York 2008.

Kim Jong-il: *Über die Baukunst,* in: Kim Jong-il: *Ausgewählte Werke 11. Januar–Juli 1991,* Pjöngjang 2006.

Maierbrugger, Arno: *Nordkorea-Handbuch. Unterwegs in einem geheimnisvollen Land,* Berlin 2007².

Moeskes, Christoph (ed.): *Nordkorea. Einblicke in ein rätselhaftes Land,* Berlin 2007².

Noever, Peter (ed.): *Blumen für Kim Il-sung,* Nürnberg 2009 (exhibition catalogue).

Ow, Meinrad von: *Bauen wie zur Pharaonenzeit,* in: Baumeister 3/1990.

Petrecca, Andrea: *Photoshop Urbanism,* in: DOMUS 882 (June 2005).

저자소개

필립 뭬제아 Philipp Meuser

1969년에 태어난 필립 뭬제아는 건축 이론 및 역사를 중심으로 베를린과 취리히에서 건축을 수학하였다. 그는 독일 건축가 협회 BDA의 회원이며, (나타샤 뭬제아(Natascha Meuser)와 함께) 베를린에 위치한 Meuser Architekten GmbH의 공동 매니저로 활동하며, DOM 출판사의 매니저기도 하다. 필립 뭬제아(Philipp Meuser)는 러시아와 아시아에서 다양한 건축 프로젝트를 설계, 완공했으며, 러시아와 중앙아시아의 현대 건축 및 소련 건축 역사에 대한 다양한 책들을 집필했다.

크리스천 포스토펜 Christian Posthofen

1956년에 태어난 크리스천 포스토펜(Christian Posthofen)은 독일 쾰른에서 철학과 역사를 공부했다. 그는 발터 코니그 북스(Walther Koenig Books Ltd)의 출판 지부에 편집자로 있으며, 1980년부터 쾰른과 베를린의 사무소에서 근무했고, 건축에 대한 수많은 책들을 편집했다. 2004년부터 뉘른베르크 예술 아카데미에서 가르치고 있다.

옮긴이 윤정원

서울대 및 동대학원 건축학과를 졸업하고 미국 프린스턴대에서 석사학위를 받았다. 현재 네덜란드 OMA에서 근무하고 있다.

색인

123
3대혁명전시관	85, 264
4·25 문화회관	271
4·26 조선아동영화촬영소	283
9·9절다리	324

ㄱ
개선문	58-59, 110-111, 334
건설역	321
고려호텔	36, 68, 313
광복거리	234
광복거리 살림집 구역	96-97, 250, 252
광복백화점	306
국가과학원 발명국	265
국제통신센터	265
금수산기념궁전	340
기상수문국	270
김원균평양음악대학	291
김일성경기장	54-55, 296
김일성광장	60-61
김일성광장 정부청사	258
김일성영생탑	339
김일성종합대학	286
김일성화 김정일화 전시관	260
김정숙탁아소	291
김책공업종합대학	288

ㄴ
노동절체육관	114-115, 298
능라교	322

ㄷ
당창건기념탑	86, 98, 336
대동교	48
대동문영화관	43, 280
대성백화점	307
동평양대극장	280

ㄹ
량강호텔	312
룡남산거리	245
류경정주영실내체육관	43, 86
류경호텔	42, 116-119

ㅁ
만경대학생소년궁전	108-109, 294
만수대 대동상	330
만수대거리	246
만수대예술극장	278
만수대의사당	42, 266
모란봉극장	276
문수거리	244
문수거리 살림집 구역	254
민주조선	265

ㅂ
보통강호텔	314
부흥역	121, 123-127, 320
북새구역 살림집	254
빙상관	40, 76-77, 299

ㅅ

소련전쟁기념탑	47
수난공항	66-67
승리거리	240

ㅇ

아동백화점	307
양각도국제호텔	312
양각도축구장	297
영광역	120-122, 318
옥류관	308
옥류교	312
윤이상음악당	271
인민대학습당	82-83, 292
인민문화궁전	84-85, 272

ㅈ

제1백화점	306
조국통일3대헌장기념탑	344
조국해방 전쟁승리 기념탑	342
조선로동당 본부	40
조선미술박물관	260
조선예술영화촬영소	281
조선중앙역사박물관	262
조선혁명박물관	258
주체사상탑	24-25, 61, 88-89, 170-171, 204, 332

ㅊ

창광거리	68-69, 242
창광거리 살림집 구역	252
창광거리 식당들	308
창광산 체육시설	78-81
창광산호텔	40, 315
천리마거리	104-105, 242
천리마동상	338
청년영웅도로	323
청년중앙회관	276
청류관	310
청류교	324
청춘거리 체육시설	300
충성교	323

ㅌ

통일거리	236
통일거리 살림집 구역	252

ㅍ

평양교예극장	278
평양국제문화회관	271
평양국제영화회관	282
평양대극장	83, 274
평양-묘향산 고속도로	324
평양수예연구소	270
평양시 시민위원회	38
평양역	318
평양체육관	296
평양학생소년궁전	390
평양호텔	314

ㅎ

황금벌역	319

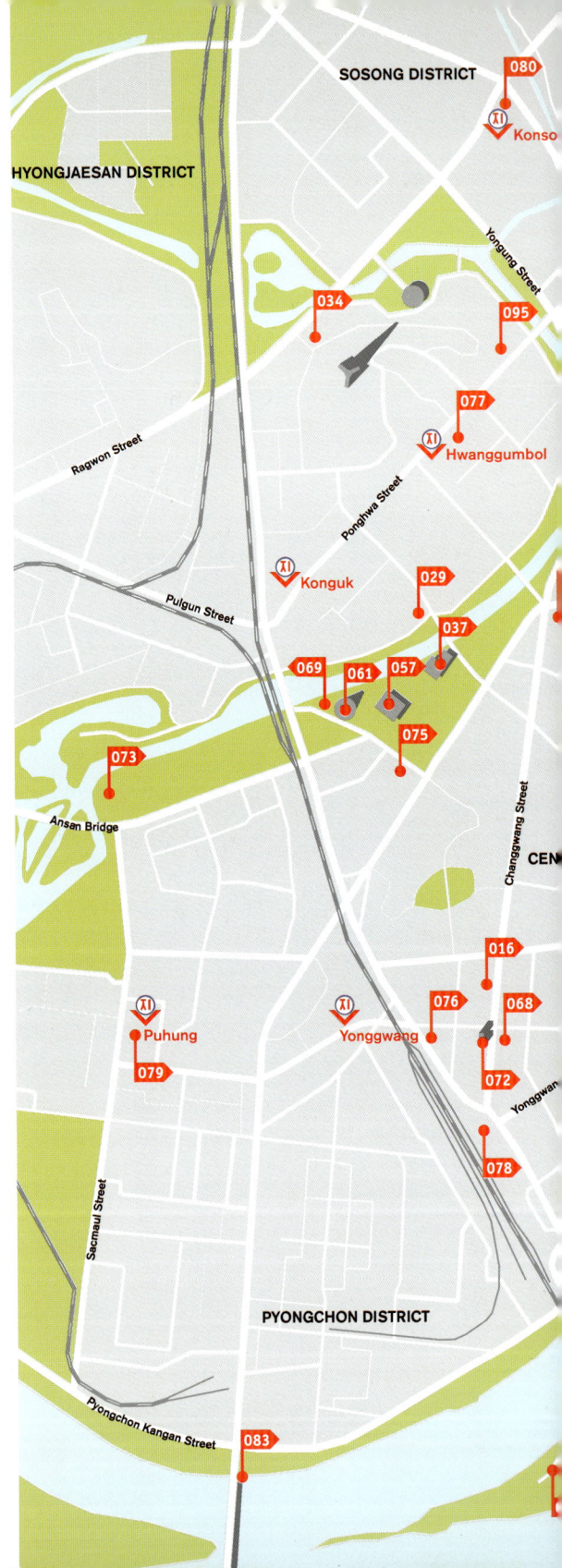

- 015 창광거리 고층주택 블록
- 016 창광거리 주택 블록
- 019 북새구역 고층 살림집
- 023 조선혁명박물관
- 024 조선미술박물관
- 025 김일성 화 김정일 화 전시관
- 026 조선중앙역사박물관
- 029 국제통신센터
- 031 만수대의사당
- 032 김일성광장 정부청사
- 033 기상수문국
- 034 평양수예연구소
- 035 평양국제문화회관
- 037 인민문화궁전
- 038 평양대극장
- 039 모란봉극장
- 040 청년중앙회관
- 041 만수대예술극장
- 043 동평양대극장
- 044 대동문영화관
- 046 평양국제영화회관
- 047 4·26 조선아동영화 촬영소
- 049 050 김책공업종합대학
- 055 인민대학습당
- 057 평양체육관
- 058 김일성경기장
- 059 양각도축구장
- 060 노동절체육관
- 061 빙상관
- 064 제1백화점
- 067 옥류관
- 068 창광거리의 식당
- 069 청류관
- 071 양각도국제호텔
- 072 고려호텔
- 073 보통강호텔
- 074 평양호텔
- 075 창광산호텔
- 076 영광역
- 077 황금벌역
- 078 평양역
- 079 부흥역
- 080 건설역
- 081 옥류교
- 082 능라교
- 083 충성교
- 087 청류교
- 088 만수대 대동상
- 089 주체사상탑
- 090 개선문
- 091 당창건기념탑
- 092 천리마기념탑
- 095 조국해방 전쟁승리 기념탑

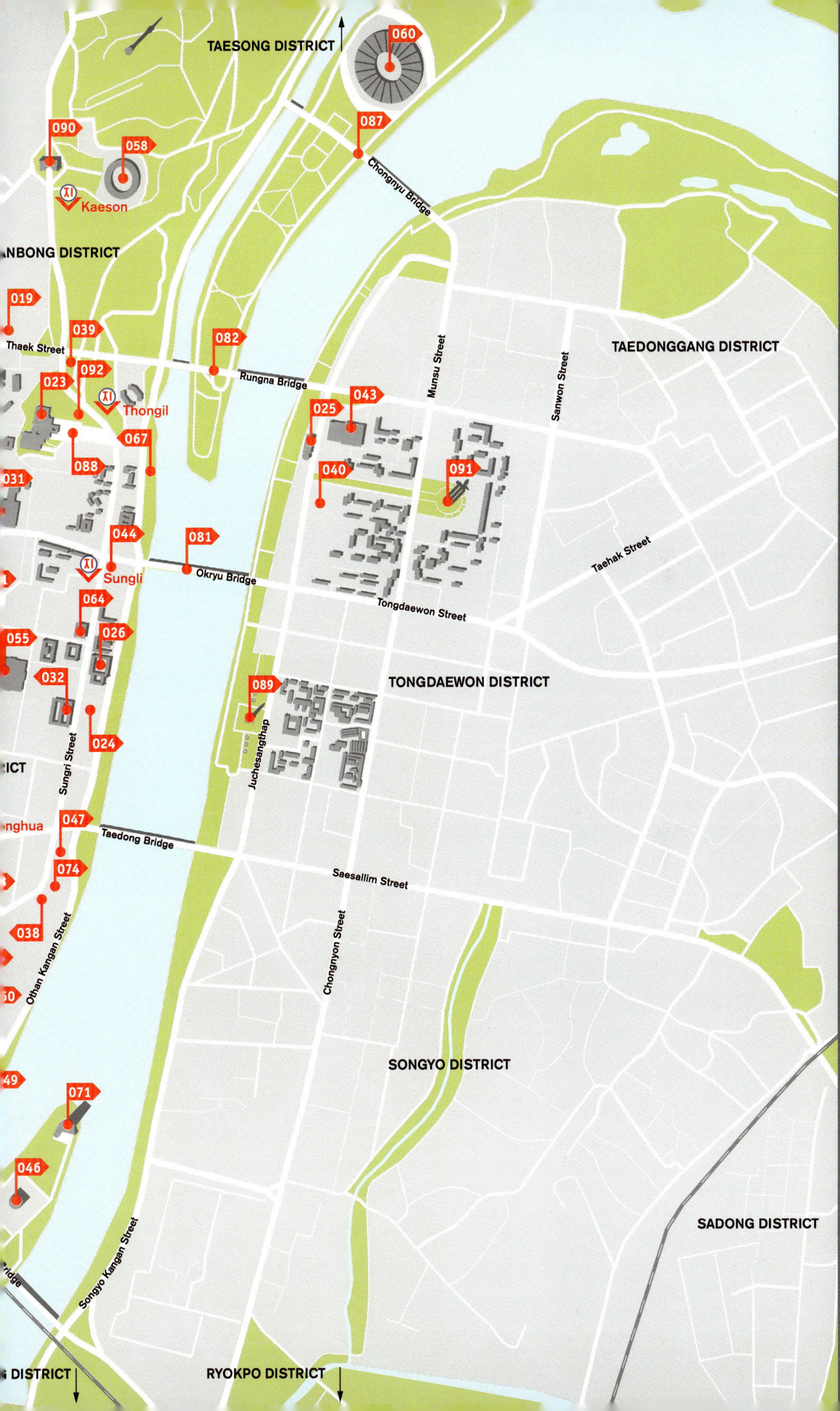
TAESONG DISTRICT
060
087
090
058
Kaeson
NBONG DISTRICT
Chongnyu Bridge
019
039
Thaek Street
082
Rungna Bridge
092
023
Thongil
043
025
Munsu Street
Sanwon Street
TAEDONGGANG DISTRICT
067
088
031
040
091
044
081
Sungli
Okryu Bridge
Taehak Street
Tongdaewon Street
064
055
026
032
089
TONGDAEWON DISTRICT
024
Juchesangthap
Sungri Street
ICT
047
nghua
Taedong Bridge
Saesallim Street
074
038
Chongnyon Street
Othan Kangan Street
SONGYO DISTRICT
071
046
Songyo Kangan Street
SADONG DISTRICT
DISTRICT
RYOKPO DISTRICT

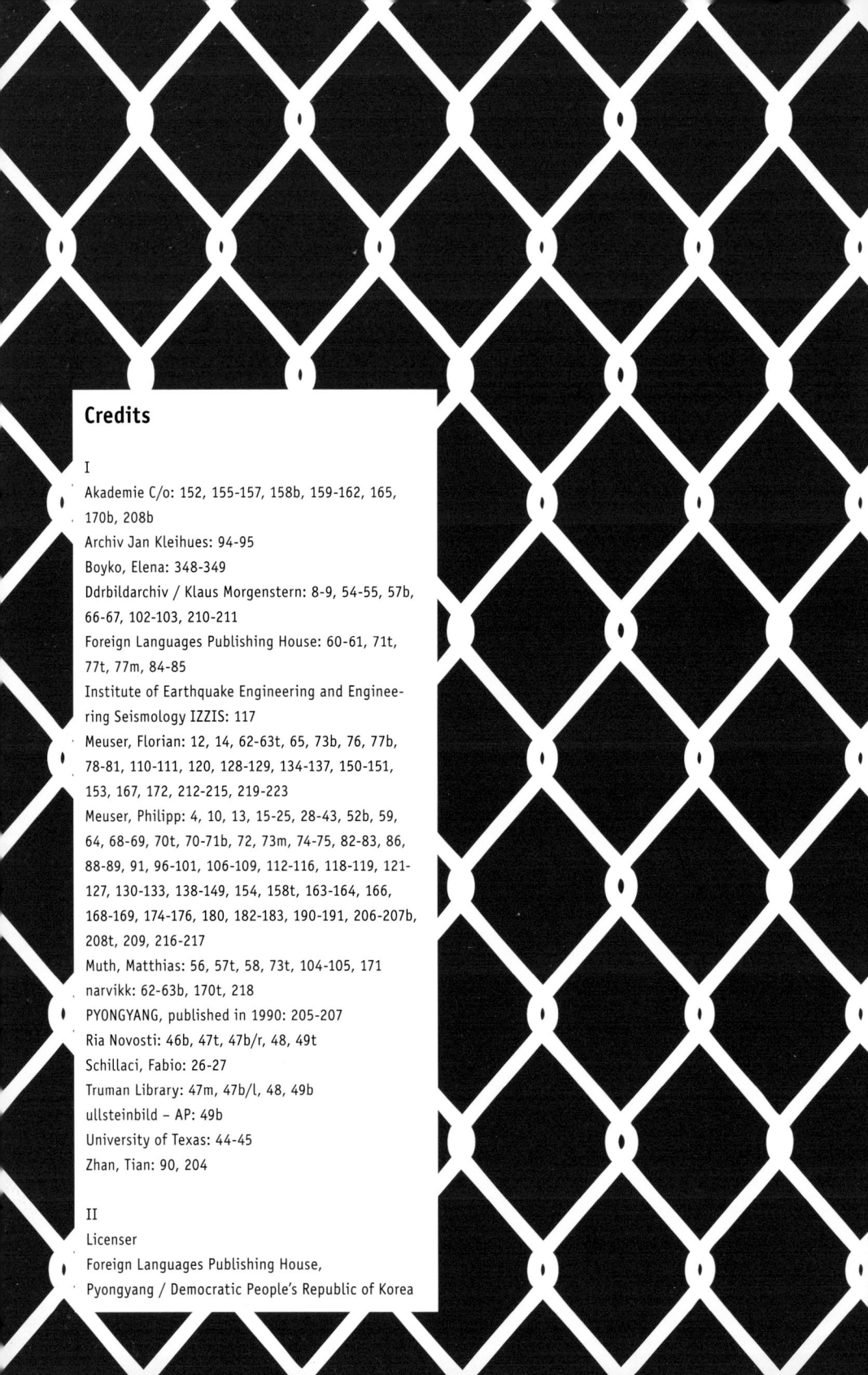

Credits

I
Akademie C/o: 152, 155-157, 158b, 159-162, 165, 170b, 208b
Archiv Jan Kleihues: 94-95
Boyko, Elena: 348-349
Ddrbildarchiv / Klaus Morgenstern: 8-9, 54-55, 57b, 66-67, 102-103, 210-211
Foreign Languages Publishing House: 60-61, 71t, 77t, 77m, 84-85
Institute of Earthquake Engineering and Engineering Seismology IZZIS: 117
Meuser, Florian: 12, 14, 62-63t, 65, 73b, 76, 77b, 78-81, 110-111, 120, 128-129, 134-137, 150-151, 153, 167, 172, 212-215, 219-223
Meuser, Philipp: 4, 10, 13, 15-25, 28-43, 52b, 59, 64, 68-69, 70t, 70-71b, 72, 73m, 74-75, 82-83, 86, 88-89, 91, 96-101, 106-109, 112-116, 118-119, 121-127, 130-133, 138-149, 154, 158t, 163-164, 166, 168-169, 174-176, 180, 182-183, 190-191, 206-207b, 208t, 209, 216-217
Muth, Matthias: 56, 57t, 58, 73t, 104-105, 171
narvikk: 62-63b, 170t, 218
PYONGYANG, published in 1990: 205-207
Ria Novosti: 46b, 47t, 47b/r, 48, 49t
Schillaci, Fabio: 26-27
Truman Library: 47m, 47b/l, 48, 49b
ullsteinbild – AP: 49b
University of Texas: 44-45
Zhan, Tian: 90, 204

II
Licenser
Foreign Languages Publishing House,
Pyongyang / Democratic People's Republic of Korea